A GLOBAL GEOGRAPHY BOOK JR CHILDREN

# 写给孩子的环球地理书

## ★让孩子脑洞大开的奇趣地理科普书★

和继军 / 编著

STRANGE WEATHER

### 奇异的气象
（一）

航空工业出版社

## 内容提要

《写给孩子的环球地理书·奇异的气象》主要介绍与我们日常生活密切相关的常见的和奇异的天气现象、气温变化带来的不同的自然景观、大气中的光学现象、极端天气下的气象灾害预警等知识。

## 图书在版编目（CIP）数据

奇异的气象 ：全2册 / 和继军编著． —— 北京 ：航空工业出版社，2021.6
（写给孩子的环球地理书）
ISBN 978-7-5165-2537-1

Ⅰ．①奇… Ⅱ．①和… Ⅲ．①气象学－青少年读物 Ⅳ．① P4-49

中国版本图书馆 CIP 数据核字（2021）第 084208 号

奇异的气象：全2册
Qiyi De Qixiang

航空工业出版社出版发行
（北京市朝阳区京顺路5号曙光大厦C座四层　100028）
发行部电话：010-85672688　010-85672689

北京楠萍印刷有限公司印刷　　　全国各地新华书店经售
2021年6月第1版　　　　　　　2021年6月第1次印刷
开本：787×1092　1/16　　　　字数：45千字
印张：6.25　　　　　　　　　　定价：218.00元（全6册）

《写给孩子的环球地理书》分为《奇幻的海洋》《奇妙的陆地》《奇异的气象》三种，共六册，内附大量趣味故事、知识链接、拓展阅读，是专为孩子们打造的地理科普读物。

《奇幻的海洋》以海洋为主题，展开介绍世界各地海域、海湾、海岸、海岛等千姿百态的奇特景观，让孩子更加深入了解、认识海洋。看似遥远神秘的海洋，其实与我们的生活息息相关，我们似乎熟悉它，但是却不一定了解它。如何解释"后浪推前浪，前浪拍在沙滩上"的现象？哪片海是世界上唯一的双层海？死而复生之地在哪里？这些好玩的问题都可以从这本书中找到答案。

《奇妙的陆地》主要讲述世界范围内陆地奇特的地貌类型及其成因、分布，世界地形、地貌之最等。世界地形、地貌复杂多样，除了有高原、山地、平原、丘陵、盆地等基础地形外，还有雅丹地貌、沙漠地貌、丹霞地貌、喀斯特地貌、火山地貌、冰川地貌、流水地貌等特色地貌。本书将带领孩子们认识世界各地缤纷多彩的地貌形态。

《奇异的气象》主要介绍与我们日常生活密切相关的常见的天气现象和一些奇异的天气现象，气温变化带来的不同的自然景观，大气中的光学现象，极端天气下的气象灾害预警等知识。天空中的云，飘逸潇洒，供人欣赏、仰望和赞叹。但是出现哪些云，是下雨的征兆？日晕、月晕、日华都是如何形成的？佛光为何物？本书将地理知识与生活紧密连接起来，助力孩子们轻松地解锁自然的奥秘。

世界是丰富多彩的，充满了无限的魅力，只有通过不断地认识，不断地探索，才能破解更多的自然奥秘。本书融知识性、科学性、趣味性、新奇性于一体，是一部孩子增长地理学知识、开阔视野、领略地球之美的良好读物。

气象与人类关系非常密切，复杂多变的气候，不仅影响人们的生产和生活，而且影响人们的生理健康，对人们的身心影响也非常明显。有利的气象条件，如碧空万里、清风徐来，会使人们心情舒畅；不利的气象条件，如高温、高湿、阴雨等一些异常的天气现象，则会使人们心情烦躁，身体不适，影响人们的身心健康。

自然界气象变化万千，上午是碧空万里，下午可能就是冰雹堆积，"看云识天气"，云是各种天气现象的前兆，天空中的各种云，你都能说出它们的名字吗？有像山一样高耸的积雨云、有像微波鳞纹般的卷积云、有能预示地震的地震云、有蓝白相间且发光透明的波光云、还有飞机排出的浓缩水蒸气形成的

飞机云……这些千姿百态的风云变幻，与我们的生活密切相关，如果我们能识别出云的类型，并了解它的特性，就可以规避不利天气对我们造成的危害。

中国古代神话传说中有后羿射日的故事，神箭手后羿将给人类带来灾难的十个太阳一口气射下九个，从此老百姓得以安居乐业。在自然界中，没有神话传说中十个太阳同时凌空的现象，但是却有"二日凌空""三日凌空""五日凌空"的幻日奇观。人们肉眼看来好像有多个太阳，其实多出来的是太阳的虚像，这是一种比较罕见的天象，是太阳光在大气中玩的一种把戏，名为日晕。

元代关汉卿的杂剧代表作《窦娥冤》的剧情为大家所熟知，窦娥蒙冤问斩后"血溅白绫，六月飞雪，三年大旱"。作者用这种奇异的自然现象来渲染气氛，突出窦娥的冤情感动了苍天，竟然出现了六月飞雪的奇观。事实上，现实生活中也多次出现过"六月飞雪"的奇景。2020 年 6 月 7 日，甘肃省肃南裕固族自治县境内皇城、康乐等小乡镇迎来雨雪天气，一片银装素裹，出现了"炎天飞雪"的奇景。夏天那么热，为什么还会出现飞雪呢？这是由于夏季高空较强的冷平流将含有冰晶或雪花的低空积雨云拉向地面，便在小范围内出现短时间的飘雪奇观。

本书将带领孩子走进奇异的气象世界，引导孩子了解基础的及罕见的天气现象，从科学的角度分析天气变化的来龙去脉，使孩子全面地了解天气无常和世界气候的变化，用学到的气象知识指导实践生活。

# 解锁天空中的云

## 低云族

云底高度：

小于 2500 米

### 积云

云底平坦，几乎为水平状，顶部凸起，为圆弧状，轮廓分明，孤立分散，外形类似棉花堆。多形成于夏季午后，一般不产生降水，浓积云产生的短时阵雨除外。分为碎积云、淡积云、浓积云三种。

### 积雨云

由积云变化而来，云浓厚，体型庞大像高山，顶部冻结有冰晶，轮廓模糊，有纤维结构，顶部白色，底部阴暗，常有雨幡及碎雨云。通常会下暴雨，并伴有冰雹。

### 层积云

结构松散的较大团块、波状结构的云层，有时排列成行，常呈灰白色或灰色，在厚薄和形状上差异很大。

### 层云

空中低而弥漫的一种平坦、朦胧的灰白色云幕，似雾但不触地，层云低于雨层云，有时会掩盖在高大建筑物的上部。偶尔降毛毛雨、米雪，且降水量很小。

### 雨层云

云底很低、漫无定形，云体均匀成幕状，云层厚，能遮蔽日月，呈暗灰色，云底经常出现碎雨云。雨层云覆盖范围很大，云布满天空。常降连续性雨雪，且降水量较大。

# 中云族

云底高度：

2500~5000 米

### 高层云

云底呈均匀幕状，常有条纹结构和纤缕结构，有时较均匀，颜色灰白或灰色，有时稍带蓝色。分布范围较广，常遮蔽全部天空，颜色灰白或灰蓝，可降小量雨雪。

### 高积云

云块较小，呈扁圆状、瓦块状、水波状的密集云条，成群、成行、成波状整齐排列。颜色由本身的厚度决定，薄云块呈白色，预示天晴；厚云块呈暗灰色，预示会有零星雨雪。

# 高云族

云底高度：

大于 5000 米

### 卷云

云层一般不厚，细致且分散，柔丝般光泽，色白无暗影，像羽毛、头发、乱丝、马尾，形态很多。通常预示着未来将是晴朗的天气。

### 卷层云

是指白色透明的丝缕状结构或呈均匀薄幕状的的云幔，部分或全部遮蔽天空，常伴有光晕。冬季卷层云可以有少量降雪。

### 卷积云

是由细鳞片、球状小云块组成的云片或云层，常成行或成群呈波状排列，就像是微风吹拂水面形成的小波纹。云体很薄，能透过日月光。白天一般为白色，夜晚呈灰黑色。通常会出现阴雨、大风等天气。

目 录
Contents

Part 1
气象变换的执行者

Part 2
七十二般变化控天气

# Part 3
## 小时润物 强时毁物

# Part 4
## 纵然隐身亦定冷暖

## Part 5
## 雨之精灵 寒之使者

# Part6
# 水汽变身

# Part 7
# 冷暖交替

# Part 8
# 阳光幻境

# Part 9
## 气象预警

# 气象变换的执行者

包围地球的空气，就是通常所说的大气。一年四季，寒来暑往，大气无时无刻不在发生着变化，并且造就了各种各样的气象，和我们的生活息息相关。

## 地球的几层透明外衣——大气的分层

在茫茫宇宙中，很多星球上面都没有探测到生命的迹象，而地球上却风起云涌、五彩斑斓，生活着各式各样的动植物，你知道这是为什么吗？原因当然很多，但其中有一个非常重要的因素，就是地球有一层将自己包裹得严严实实的大气层。

## ⚓ 地球的外衣

大气，就是包裹在地球外部的空气，它的总厚度可达 1000 千米。

世间万物都有自身产生和发展的过程，大气也不例外。大气是伴随着地球的形成而逐渐诞生和成长的。在地球形成的初期，地球内部和表面都有空气。在与地球一起成长的数十亿年中，随着地球温度的变化、引力的作用以及动植物的出现，大气便逐渐演变成以水汽、氮、二氧化碳和氧气为主要成分的气体。

## ⚓ 大气分层

在晴朗的白天，当我们抬头用肉眼仰望天空时，看到的只是白茫茫的一片。那么大气是不是就是我们平常所看到的这样，只是地球一层看不见的外衣呢？其实，大气是有分层的，而且不同的层之间的特性有着不小的差异。大气分层的依据有很多，世界气象组织按照整个大气层的成分、温度、密度等性质在垂直方向的变化，将大气层分为对流层、平流层、中间层、热层和外层。

## ⚓ 最活跃的气层——对流层

对流层是最贴近地面的一层大气，整个大气质量的 3/4 和几乎全部的固体杂质和水汽都集中在这一层，它的平均厚度约为 12 千米。在这一层中，受地表影

知识链接

在对流层中，海拔越高的地方气温越低，这是为什么呢？原来，对流层是最贴近地球表面的一层大气，当太阳辐射到达地面致使地面受热后，地面会再向外面进行地面辐射。而空气中的水汽、二氧化碳等吸热物质几乎全部吸收地面长波辐射，所以地面辐射就成了对流层大气的主要热源。而在海拔高的地方空气稀薄，白天吸收的地面辐射少，晚上的保温作用差，温度自然就低。因此，对流层大气的温度随海拔的增加而降低。

响，气温、湿度等气象要素水平分布不均，从而使得这一层中存在着强烈的垂直对流作用和较大的水平运动。雨、雪、风、霜、雷电等天气现象都发生在这一层。所以说，对流层是大气中最活跃的一层。

# 大气成员——大气的组成

古代思想家老子是我国最早的大气研究者。他认为万物都由阴、阳二气化生而成。而西方的亚里士多德则认为，自然界是由火、气、水、土四种物质元素组成的。直到近代，我们才发现，其实大气是由干洁空气、水汽和多种悬浮颗粒物所组成的混合物。干洁空气一般都存在于对流层中，主要由氮气和氧气组成，其余是氩、二氧化碳和许多微量气体。

## ⚓ 水汽扩散和输送

水汽扩散和输送，是地球上水循环过程的重要环节，是将海水、陆地水与空中水联系在一起的纽带。通过扩散运动，海水和陆地水蒸发到空中，并随气流输送到世界各地，然后凝结并以降水的形式返回到海洋和陆地。所以水汽扩散和输送的方向与强度有关，直接影响地区水循环系统。对于地表缺水或地面横向水交换比较弱的内陆地区来说，水汽扩散和输送对地区水循环具有重大意义。

## 大气污染物

人类活动产生的有害颗粒物和废气进入大气层，给大气增添了许多外来组分，这些外来组分称为大气污染物。大气污染物可分为两类：一类是颗粒物，如煤烟、煤尘、水泥、金属粉尘等；另一类是部分有害气体。

# 无处不在的压力——气压

大气压强简称气压，是指作用在单位面积上的大气压力，即等于单位面积上向上延伸到大气上界的垂直空气柱的重量。气压的存在最初是由著名的马德堡半球实验证明的。

## 气压左右天气"阴晴"

气压跟天气有密切的关系。通常情况下，地面上高气压的区域一般是晴天，而低气压的区域一般是阴雨天。所以气象观测站每天都在同一时刻观测当地的大气压，报告给气象中心，作为天气预报的依据之一。这里所说的高气压和低气压是相对的，不是指大气压的绝对值，比如某地区的气压比周围地区的气压高，叫作高气压地区；某地区的气压比周围地区的气压低，叫作低气压地区。

## 气压"成就"了风

风的形成和气压是密切相关的。风是大气由高气压区向低气压区做水平运动而形成的。一直以来，人们抓住气压与风的关系进一步深入探究，总结出一套比较完整的关于风的理论。风来自哪个方向？为什么有时候狂风大作，有时候却懒散无力？这完全是由气压高低、气温冷暖等大气内部的客观规律决定的。人们不仅可以用规律解释风的成因，还可以用规律预测风的行踪。

## ⛵ 世界主要气压区

世界上有亚洲低压、阿留申低压、夏威夷高压等几大气压区。

亚洲低压，又称"印度低压"，是亚洲大陆夏季大气活动中心之一。夏季，整个亚洲以及北非均受亚洲低压的控制，中心位置在印度半岛西北部。由于亚洲低压的存在，夏季加强了亚洲南部的西南季风，并对我国东部东南季风产生影响。冬季亚洲低压完全消失。

阿留申低压主要是因为冬季位于阿留申群岛地区的大范围低气压（气旋）中心在夏季向北移形成的。阿留申低压是极地海洋气团的源地，这种气团影响美国西部的气候。

夏威夷高压因出现在夏威夷地区而得名，实际上是全球副热带高气压的一个部分。夏威夷高压有时分成东西两个，分别位于东、西太平洋上，其中西太平洋副热带高压对我国的天气和气候的影响比较大。

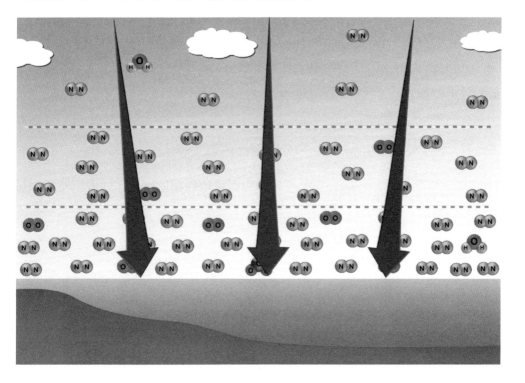

# 空气分子的巨大实体——气团

气团是指温度、湿度、稳定度等物理属性水平分布比较均匀的较大空气团。气团是一大团空气，覆盖着一个很大的区域，大多数天气变化都与气团的活动有关。

## 气团的形成

气团的形成首先要有性质均匀的下垫面，下垫面向空气提供稳定的热量和水汽，使空气的物理性质较均匀。其次，必须有使大范围空气能较长时间停留在均匀的下垫面上的环流条件，以使空气能有充分时间和下垫面交换热量和水汽，取得和下垫面相近的物理特性。

## 气团的分类

气团的分类方法有三种，按照气团的热力性质，分为冷气团、暖气团；按照气团的发源地，分为北冰洋气团、极地气团、热带气团、赤道气团；按照流体静力稳定性，分为稳定气团、不稳定气团；按照气团的湿度特征的差异，分为干气团、湿气团。

## 变性的气团

在源地形成后，气团会渐渐离开源地而移动到新的地区，随着下垫面性质

知识链接

影响中国境内的有几个不同的气团，这些气团会随季节而变化。冬季，北方以极地大陆气团为主，南方部分地区则受热带海洋气团影响。夏季，大部分地区会受热带海洋和热带大陆气团影响，北方少数地区则受极地大陆气团影响。春、秋季则主要受变性极地大陆气团和热带海洋气团影响。

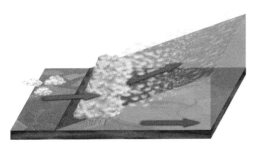

以及大范围空气的垂直运动等情况的改变，气团的性质在移动过程中会发生改变，也就是气团变性了。不同气团变性的快慢是不同的，即使是同一气团，变性的快慢也不同。通常冷气团移到暖的地区变性较快，而暖气团移到冷的地区则变性较慢。

## 最常见的大气运动形式——气旋和反气旋

　　气旋、反气旋的形成和移动对天气有很大影响。在气旋区里，气流自外向内辐合汇集，气流挟带着地面空气层中的水汽上升，到高空冷却凝结，形成云雨。因此，气旋区内的天气一般都是阴雨天气。在反气旋区里，气流自内向外辐散，盛行下沉气流，一般都为晴好天气。分析和预报气旋和反气旋的发生、发展、移动和变化，是天气预报的重要内容。

知识链接

　　根据气旋形成和活动的主要地理区域，可将气旋分为热带气旋和温带气旋。热带气旋是发生在热带洋面上强烈的气旋性涡旋。根据其中心风力强度，可分为热带风暴、台风、飓风。按其形成和热力结构，气旋可分为无锋气旋（如热带气旋和热低压）和锋面气旋。锋面气旋中有锋面，一般常和锋面一起移动。

### ⚓ 中心低四周高的气旋

气旋是指某个半球大气中水平气流呈一定方向旋转的大型涡旋。在同高度上，气旋中心的气压比四周低，又称低压。由于气流从四面八方流入气旋中心，中心气流被迫上升。所以，当气旋过境时，云量增多，常出现阴雨天气，有时甚至会造成暴雨、雷雨、大风等天气。

### ⚓ 中心高四周低的反气旋

反气旋是指中心气压比四周气压高的水平空气涡旋。由于反气旋中的空气向四周辐散，形成下沉气流。因此，在反气旋控制下的地方，一般天气都比较好。冬季多晴冷天气，夏季多晴热高温天气，春秋两季多风和日丽、秋高气爽的天气。

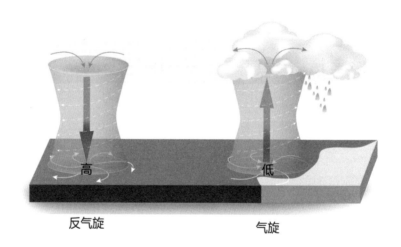

高 反气旋　　　　低 气旋

## 善变的孩子脸——天气

天气是一定区域在短时间内的大气状态及其变化的总称。它既是一定时间和空间内的大气状态，也是大气状态在一定时间间隔内的连续变化，即天气现象和天气过程的统称。

## 气温和冷暖

气温变化有日变化和年变化之分。日变化中，最高气温是出现在下午 2 点左右，最低气温在日出前后。年变化中，北半球陆地上 7 月份最热，海洋上 8 月份最热；南半球与北半球相反。气温一般从低纬度向高纬度递减，因此等温线与纬线大体上平行。同纬度海洋和陆地的气温是不同的。夏季等温线陆地上向高纬方向凸出，海洋上向低纬方向凸出。

## 降水

水汽在上升过程中，由于周围气压和温度降低而逐渐变为细小的水滴或冰晶飘浮在空中形成云。水汽分子在云滴表面凝聚，大小云滴不断合并，使云滴不断凝结而增大。云滴增大为雨滴、雪花或其他降水物，当云滴增大到能克服空气的阻力和上升气流的顶托，且在降落时不被蒸发掉时，则降到地面形成降水。

## 气象生活指数

我们常说的气象生活指数分别是指中暑指数、紫外线指数、心情指数、约会指数、感冒指数、穿衣指数、晨练指数等。了解了这些指数后，再根据气象决定我们的生活和工作习惯，会更有利于提高我们学习和工作的效率，避免做一些无用功，所以说，这些气象生活指数和我们的生活息息相关。

# 类型复杂多样——气候

地球上的各个地区因为地理位置的不同，从而形成了各种各样的气候，而这些气候主要是由于热量的变化而引起的。气候是地球上某一地区多年时段大气的一般状态，是该时段各种天气过程的综合表现。由于热量与水分结合状况的差异，或水分季节分配不同，或有巨大的山地、高原存在，有时同一个气候带内部气候仍有一定差异，可进一步划分若干气候类型。以下是简单列举的部分常见气候。

## 热带季风气候

热带季风气候主要分布在我国台湾南部、雷州半岛、海南岛，以及中南半岛、印度半岛的大部分地区和菲律宾群岛，除此之外，在澳大利亚大陆北部沿海地带也有分布。这些地区年平均气温在 20℃以上，最冷月也在 18℃以上。年降水量也很大，集中在夏季，这是由于夏季在赤道海洋气团控制下，多对流雨，再加上热带气旋过境带来大量降水，因此造成比热带干湿季气候更多的夏雨；在一些迎风海岸，因地形作用，夏季降水甚至超过赤道多雨气候区，年降水量一般在 1500 ~ 2000 毫米以上。

## 亚热带沙漠气候

亚热带沙漠气候也称亚热带大陆性干旱与半干旱气候，主要分布在亚热带大陆的内部，包括西亚的伊朗高原和安纳托利高原、美国西部的内陆高原以及南美的格兰查科等地。干旱气候的形成是由于深居内陆距海远或因有山地阻挡，湿润的气流难以到达，再加上这些地区地处亚热带，故夏季高温，冬季温和。半干旱气候属于由干旱气候向其他气候过渡的类型。这些地区的植被类型属于荒漠草原，通常生长有旱生灌木及禾本科植物，土壤属于半荒漠的淡棕色土。

## 温带大陆性气候

温带大陆性气候主要分布在南、北纬40°～60°的亚欧大陆以及北美大陆内陆地区和南美东南部。由于远离海洋，或者地形阻挡，湿润气团难以到达，因而年度降水较少，四季分明，冬季寒冷干燥，夏季高温多雨，年温差较大。

## 温带季风气候

温带季风气候出现在北纬35°～55°左右的亚欧大陆东岸，包括我国华北和东北、朝鲜的大部、日本的北部以及俄罗斯远东一些地区。冬季受来自高纬内陆偏北风的影响，盛行极地大陆气团，寒冷干燥；夏季受极地海洋气团或变性热带海洋气团影响，盛行东风和东南风，暖热多雨，雨热同季。年降水量的三分之二集中于夏季。

## 极地苔原气候

极地苔原气候分布在北美大陆和亚欧大陆的北部边缘、格陵兰岛沿海的一部分以及北冰洋中的若干岛屿。在南半球则分布在马尔维纳斯群岛、南设得兰群岛和南奥克尼群岛等地。全年皆冬，冬季酷寒而漫长。年降水量以雪为主，地面有永冻层，只有地衣、苔藓等低等植物。

# 七十二般变化控天气

　　云，抬头即见，可你知道云是怎么形成的吗？你知道一年四季天空中会出现多少种不同的云吗？云是指停留在大气层上的水滴或冰晶。当太阳照射在地球的表面时，水蒸发形成水蒸气，水蒸气聚集在空气中的微尘周围，由此产生的水滴或冰晶将阳光散射到各个方向，这就产生了云的外观。本章将带领大家认识生活中最常见的积云、积雨云、卷云、卷层云、层云、高层云等。

## 外形像棉花糖一样——积云

　　积云为低云，低云一般指云底高度在 2500 米以下的云。积云为轮廓分明、顶部凸起、云底平坦、云块之间多不相连的直展云，外形类似棉花堆。积云属于直展云层，分为淡积云、浓积云、碎积云，是一种垂直向上发展的云块。它通常在湿润地区和热带地区出现，但有时也会在干燥地区出现。

### ⚓ 水滴的聚合

　　我们看上去成片的积云实际上是由水滴组成的，有时也会伴有冰晶。主要由于气块上升、水汽凝结而成。为什么积云底部是水平的云块？原因是一团空气在上升的过程中，开始时它的内部水汽含量和温度的水平分布是均匀的，所以水汽产生凝结的高度是一致的。在形成阶段，云内为上升气流且云顶中央上升气流最强而四周较弱，云外为下沉气流，所以积云顶部呈圆弧形并具有明显的轮廓。

### ⚓ 看积云识天气

　　对流运动的强度不同导致对流云垂直发展的厚度也不同，根据对流高度和凝

12

结高度的配置，积云可分为淡积云、浓积云、碎积云。不同积云代表不同的天气。

淡积云形体扁平，顶部稍有凸起，孤立分散地出现在天空。它的出现，表示在云团上方出现了稳定的气层，淡积云出现时，一般天空晴朗。

浓积云形体高大，底部较平，轮廓清晰，身似高塔，顶部呈重叠的圆弧形凸起，阳光下边缘白而明亮，很像花椰菜。它是由淡积云发展或合并发展而成的。当它发展旺盛时，一般不会出现降水，但有时也会降小阵雨。

碎积云的云体很小，形状多变，多为破碎了或初生的积云，零散地分布于天空中。根据低空碎积云的移动方向，可以判断地面500米以内的风向，根据碎积云移动的速度，可以估计风速的等级。这种云预示未来不会有雨，即使有雨也是很小的雨。

# 如高山一样庞大的云体——积雨云

积雨云为低云。当天空的云层形成浓积云之后，如果空气对流运动再持续增强，那么云顶垂直向上的发展则会更加旺盛，一旦达到冻结高度以上，原来浓积云的花椰菜状的云顶便开始冰晶化，原来明显而清晰的边缘轮廓开始在某些地方变得模糊，此时就进入积雨云阶段。积雨云浓而厚，云体庞大如高耸的山岳，

▲积雨云

我们都认识了积雨云，但你知道雷雨云吗？雷雨云是一大团翻腾、波动的水、冰晶和空气。当云团里的冰晶在强烈气流中上下翻滚时，水分会在冰晶的表面凝结成一层层冰，形成冰雹。这些被强烈气流反复撕扯、撞击的冰晶和水滴充满了静电。云中上部带正电荷，下部带负电荷，基本为正负双极性分布。当正负两种电荷的差异极大时，就会以闪电的形式把能量释放出来，这便是雷雨云。

顶部轮廓模糊，有纤维结构，底部十分阴暗。

## 积雨云与天气

积雨云大体总会形成降水，进而会带来雷电、阵性降水、阵性大风、冰雹等天气现象，有时还伴有龙卷风。在特殊地区，甚至会产生强烈的外旋气流，形成下击暴流——这是一种可以使飞机遭遇坠毁灾难的气流。

## 积雨云的种类

积雨云通常分为秃积雨云和鬃积雨云。秃积雨云是积雨云的最初阶段，云状特征除了云顶边缘的某些部位由于冰晶化而开始模糊，变成丝缕结构之外，其他特征与浓积云相似。鬃积雨云为对流发展极盛阶段，此时云顶发展到极高，由于该高度远高于冻结高度，出现大量的冰晶，而且又受到上空强稳定层的阻碍，所以云顶花椰菜状迅速消失，趋向平展，形成铁砧状，称为云砧。其边缘出现细鬃条纹，故称"鬃状"。


# 棉花糖机忘关开关——层积云

层积云属低云族，其云块一般较大，呈灰白色或灰色，在厚薄、形状上有很大差异，有的呈条状，有的呈片状，有的呈团状。层积云个体肥大，结构松散，多由小水滴组成，为水云。层积云可分为透光层积云、蔽光层积云、积云性层积云、堡状层积云、荚状层积云等。

## ⛵ 透光层积云

透光层积云的云层厚度变化很大，云块之间有明显的缝隙；即使无缝隙，大部分云块边缘也比较明亮。

## ⛵ 蔽光层积云

蔽光层积云的云块或条状比较密集，云块较厚，呈暗灰色，无缝隙，大部分云体可以遮蔽日月，云底有明显波状起伏，布满天空，有时会产生降水。蔽光层积云的厚度为 100 ~ 2000 米，由直径 5 ~ 40 微米的水滴组成。

## ⛵ 积云性层积云

积云性层积云的云块较大，呈灰白色、暗灰色，多为条状，顶部具有积云

　　我们知道层积云和卷积云、高积云有很多特征极其相似，我们该如何去分辨呢？其实分清三者的方法很简单。

　　层积云常易与具有暗黑部分的高积云相混淆。二者的区别在于，在地平线30°以上，天空中多数云块视宽度大于5°即为层积云，否则为高积云。卷积云的云块很小，在地平线30°以上，云块视宽度小于1°且很明亮。若云块虽小，但具有阴暗部分，也为高积云。

特征。它是由衰退的积云或积雨云扩展、平衍而成的，也可由傍晚地面四散的受热空气上升而直接形成。它的出现一般表示对流减弱、天气逐渐趋向稳定，但有时也会下小雨。

### ⚓ 堡状层积云

　　堡状层积云是由于较强的上升气流突破稳定层后，局部垂直发展所形成的。当时如果对流继续增强，水汽条件也具备，则往往预示有积雨云发展，甚至有雷阵雨产生。堡状层积云的云块细长，底部水平，顶部凸起，有垂直发展的趋势，从远处看去好像城堡或长条形锯齿。

### ⚓ 荚状层积云

　　荚状层积云常为中间厚边缘薄，形似豆荚、梭子状的云条，且个体分明。

# 呈均匀幕状的云层——层云

　　层云属低云族，它主要由小水滴构成，为水云。层云是在大气稳定的条件下，因夜间强辐射冷却或乱流混合作用，水汽凝结或由雾抬升而成的。

## 层云的形成

夜间降温，或者潮湿气流流入，或者大雨后蒸发，大气的下层潮湿阴冷，能够形成层云。太阳升起后地面被加热后雾也能成为层云。薄的层云一般在天亮后或者在白天里逐渐消散。冬季在反气旋和逆温的情况下层云也可以维持数日。

## 层云的分类

层云可分成层云和碎层云两类：层云云体均匀成层，呈灰色或灰白色，像雾，但不接地，经常笼罩山体和高层建筑；碎层云由层云分裂或浓雾抬升而形成，为支离破碎的层云小片。

**拓展阅读**

### 低云

低云多由水滴组成，厚的或垂直发展旺盛的低云则由水滴、过冷水滴、冰晶混合组成。云底高度一般在 2500 米以下，但又随季节、天气条件及不同的地理纬度而有变化。大部分低云都可能产生降水，雨层云常有连续性降水，积雨云多有阵性降水，有时降水量很大。

# 布满天空的灰色云——雨层云

雨层云属于低云，云层较厚，呈暗灰色，云底无定形。雨层云多数为冰水混合的混合云，下部多由小水滴构成，中部由小水滴和冰晶构成，上部由冰晶构成。雨层云笼罩在空中，意味着未来将出现持续几个小时的降雨天气。

## 雨层云的特征

雨层云最突出的特征是低而漫无定形，其云层水平分布范围很广，常布满全天。

雨层云的垂直厚度一般较大，可达几千米。同积雨云相比较，雨层云的性情比较温和，没有冰雹和龙卷风等灾害。

雨层云的云层相当厚，厚度可达 8000 ~ 9000 米，且云滴浓度很大，能完全

遮蔽太阳和月亮的光线。这种云团不打雷，不打闪，降水呈灰茫茫的水帘状，使云层显得蓬松。雨层云看起来隆起部分呈灰色，与积雨云隆起部分的颜色相比似乎更令人感到恐惧，但其灾害性天气较少。

### ⛵ 雨层云的结构

雨层云中结构很不均匀，有时有大片稀薄的云层，甚至有大片完全无云的夹层。雨层云中有时夹着一些云体浓厚、扰动强烈的对流区域积雨云。雨层云下常有碎雨云。

# 高空灰白的云幕——高层云

高层云属于中云，一般可以降连续或间歇性的雨、雪。它是带有条纹或纤缕结构的云幕，有时较均匀，颜色为灰白或灰色，有时微带蓝色。云层较薄部分，可以看到昏暗不清的日月轮廓。厚的高层云，底部比较阴暗，看不到日月。由于云层厚度不一，各部分明暗程度也就不同，云底没有显著的起伏。

### ⛵ 高层云的形成

高层云的形成往往是卷层云变厚或雨层云变薄引起的。当然，有时也可由蔽光高积云演变而成。在中国南方有时积雨云上部或中部延展，也能形成高层

知识链接

中云是由微小水滴、过冷水滴或者冰晶、雪晶混合而形成的。中云的云底高度一般为 2500 ～ 5000 米。高层云在夏季多出现降雨，而在冬季多出现降雪。高积云较薄时不会出现降水，但在高原地区的高积云可能会出现雨雪天气。

云，但持续时间不长。高层云大约在 2500 ~ 5000 米的高度上，夏季，在中国南方，有时可高达 6000 米左右。

高层云多在中纬度地区出现。它的出现表明该地区有上升空气。在天气较冷的月份里，高层云的出现预示着移动的气旋会到达，形成长期固定的降雨或降雪。夏季，高层云与风暴或热带气旋有关。

## 绰号"羊背""鲭鱼天"——高积云

高积云属于中云族。高积云常呈扁圆形、瓦块状鱼鳞片、水波状的密集云条。高积云由水滴或水滴冰晶混合组成。薄的高积云稳定少变，一般预示晴天；厚的高积云若继续增厚，融合成层，表示天气将有变化，甚至会产生降水。高积云又可分为透光高积云、蔽光高积云、荚状高积云、积云性高积云、絮状高积云和堡状高积云。

## 透光高积云

透光高积云的云块较薄，个体分离，排列整齐，云缝处可见蓝天，即使无缝隙，云层薄的部分也比较明亮。

## 蔽光高积云

蔽光高积云的云块较厚，呈暗灰色，云块之间无缝隙，不能辨别日月位置，云块排列不整齐，常密集成层，偶产生短时降水。

## 荚状高积云

荚状高积云的云块呈白色，中间厚边缘薄，轮廓分明，通常呈豆荚状或椭圆形。上升气流绝热冷却形成的云，遇到上方下降气流的阻挡时，云体不仅不能继续向上升展，而且其边缘部分因下降气流增温的结果，有蒸发变薄现象，故呈荚状。气流越山时，在山后引起空气的波动，也可形成荚状云。荚状云孤立出现时，多预示晴天。

### 堡状高积云

堡状高积云的外形特征和表示的天气与堡状层积云相似，云块底部平坦，顶部突起呈若干小云塔，类似远望的城堡，但云块较小，高度较高。

### 絮状高积云

絮状高积云的云块边缘部分与周围未饱和空气混合蒸发，造成云块边缘破碎，像破碎的棉絮团，呈灰色或灰白色。云块大小以及在空中的高低都很不一致。

### 积云性高积云

积云性高积云的云块大小不一致，呈灰白色，外形略有积云特征。积云性高积云是由衰退的积云或积雨云扩展而成的，一般预示天气渐趋稳定。

## 分离散乱的高云——卷云

卷云是高云的一种，高云族云底高度一般在 5000 米以上。卷云由高空的细小、稀疏的冰晶组成。卷云比较薄，透光良好，色泽洁白，具有冰晶的色泽。根据外形、结构等特征，卷云分为毛卷云、钩卷云、伪卷云、密卷云。

### 毛卷云

毛卷云的云体具有纤维状结构，常呈白色，无暗影，有毛丝般的光泽，云体很薄，多呈丝条状、片状、羽毛状、钩状、团状、砧状等。毛卷云多由直径为 10 ~ 15 微米的冰晶组成。毛卷云的出现大多预示天晴。

## ⛵ 钩卷云

钩卷云的名字来源于拉丁语，意为"蜷曲的钩"。它属于高层云，通常在海拔 7000 米天空的对流层出现。云体向上的一头有小钩或小簇，下有较长的拖尾。常分散出现，如果它系统移入天空，且继续系统发展，多预示将有天气系统影响，可能出现阴雨天气，因此民间流传着"天上钩钩云，地上雨淋淋"的谚语。

## ⛵ 伪卷云

伪卷云的云体大而厚密，常呈铁砧状。当积雨云发展到消衰阶段，云内上升气流减弱，下沉气流增强，由于缺乏水汽补给，积雨云母体崩解，其上的云砧部分残留在空中，即成为伪卷云。

## ⛵ 密卷云

密卷云是比较厚密的片状卷云，边缘有明显的丝缕结构。其形成与高空对流有关。密卷云的出现预示天气较稳定，但如果它继续系统发展并演变成卷层云，那么预示天气将有变化。

# 日月有晕环的透明云幕——卷层云

卷层云属于高云族。卷层云看起来更像是一种白色透明的云幕，日月透过云幕时轮廓分明，地物有影，常有晕环。它经常会使天空呈乳白色，有时丝缕结构隐

约可辨，好像乱丝一般。我国北方和西部高原地区，冬季卷层云会有少量降雪。

## 冰颗粒形成的云

卷层云一般由冰颗粒形成，表面上看上去像白云的纹路。卷层云是唯一会在日月周围产生光晕的云层。约在 5500 ~ 8000 米的高空出现。卷层云可分毛卷层云和薄幕卷层云。

## 卷层云与高层云

厚的卷层云易与薄的高层云相混。如何区分二者呢？如日月轮廓分明，地物有影或有晕，或有丝缕结构，为卷层云；如只辨日月位置，地物无影也无晕，则为高层云。

## 卷层云是个预测使者

卷积云是个及时准确的预报使者，根据它的出现，人们可以判断许多种天气现象。

在冬季，卷积云代表气旋和长期稳定降水的到来，而在夏季，卷积云代表风暴和热带气旋的到来。当卷层云出现时，在日月的周围，有时会出现一种里红外紫的美丽七彩光圈，这种光圈叫做晕。如果出现卷层云并且伴有晕，天气就会变坏。当卷层云后面有大片高层云和雨层云时，则是大风雨的征兆。

# 高空小云块组成的云层——卷积云

卷积云属于高层云，它大约出现在5500米的高空，几乎都由冰晶组成。云体很薄，白色无影，是由呈白色细波、鳞片、球状的细小云块组成的云片或云层，常排列成行或成群，像轻风吹过水面泛起的小波纹。

## ⛵ 卷积云的特征

卷积云有时也并不是十分好确认，因为在整层高积云的边缘，有时有小的高积云块，形态和卷积云颇相似，但不要误认为卷积云。卷积云有以下几个特征：首先它和卷云或卷层云之间有明显的联系；其次，从卷云或卷层云演变而成；第三，有卷云的柔丝光泽和丝缕状特点。

## ⛵ 卷积云的变化

卷积云可由卷云、卷层云演变而成。有时高积云也可演变为卷积云。卷积

知识链接

> 高云族分布在对流层最高的区域，在这片区域的云一方面凝结量有限，另一方面云中都是小冰晶，因此透光性好，都具有卷状云的特征。高云全部由细小的冰晶组成，云底高度通常在5000米以上。高云通常不产生降水，冬季北方的卷层云、密卷云有时也会降雪，有时可以见到雪幡。

云的云块很小，呈白色细鳞、片状，常成行或成群，排列整齐，似微风吹过水面引起的小波纹。

## 🔺 云的变身

每一种云都有特殊性，不是一成不变的。在一定条件下，一种云可以转变为另一种云，另一种云又可以转变为其他一种云。例如，淡积云可以发展成浓积云，再发展成积雨云；积雨云顶部脱离成为伪卷云或积云性高积云；卷积云降低变成高层云；而高层云降低又可变成雨层云。

# 能预示地震的云体——地震云

地震云是一种能预示地震的云体。日本和中国民间有很多研究者对它进行过探索。关于地震云的形成，现在有热量学说、电磁学说、核辐射学说三大学说。

## 热量学说

地震将要发生时，由于地热聚集在地震带上，或由于地震带岩石受强烈引力作用发生剧烈摩擦而产生巨大热量，这些热量从地表散发出去，使空气增温产生上升气流，气流在高空形成"地震云"，云的尾端指向地震发生处。

## 电磁学说

地震前岩石在地应力作用下出现"压磁效应"，从而引起地磁场局部变化；地应力使岩石被压缩或拉伸，引起电阻率变化，使电磁场有相应的局部变化。由于电磁波影响到高空电离层而出现了电离层电浆浓度锐减的情况，从而使水汽和尘埃非自由的、有序排列形成了地震云。

## 预报地震

目前，对于地震云的形成原因众说纷纭，虽然各有道理，但是都不能完整地解释地震前出现的这种现象，所以至今还是个谜，而且地震本身是一个非常复杂的过程，所以预报地震最好采用综合法。

### 核辐射学说

地球的大气，其实可以看作一个简陋的云室，当地球内部产生辐射时，大量穿透力极强的离子穿过地壳进入大气，在适宜的条件，水滴沿辐射轨迹凝聚成云，这就是所谓的"地震云"。这个假说叫"地震的核爆炸假说"。

# 罕见的蓝白色云——夜光云

### 夜光云与温室效应

美国科罗拉多大学的科拉·兰德尔表示，温室效应气体使低海拔地区的气候变暖，使高海拔地区的气温下降，进而为高空中夜光云的形成创造了条件。高含量的温室效应气体会导致在高空形成更多的水蒸气，而低温和更多水蒸气的存在，是导致多数夜光云频繁现身的原因。

夜光云是一种非常罕见的蓝白色云，它距地面的高度一般在80千米左右，是一种形成于中间层的云。这种罕见的云只出现在高纬度地区的夏季。

### 夜光云的形成

夜光云的形成需要具备三个条件：低温、水蒸气和尘埃。这样水蒸气才能凝结成极小的冰晶。关于夜光云的成因科学界还没有达成共识，最主流的说法认为它主要是由极细的冰晶构成的，但是这个经验理论在对

流层也是成立的。

## ⛵ 探索夜光云的奥秘

关于夜光云的信息，主要来自火箭和卫星的探测。对夜光云的研究，可以揭示中间层顶的大气结构、大气波动和化学过程等的规律。据观测，南北两个半球的夜光云之间存在着较大的差异，北半球上空的夜光云比南半球上空的要明亮，出现的纬度也更低。据天空观测者在高纬度地区对夜光云的季节高峰的追踪发现：在北半球，从 5 月 15 日到 8 月 20 日经常有夜光云，其中出现最频繁的是7 月初。

# "飞机拉烟"——飞机云

飞机云，也叫飞机尾迹、航空云，是一种由飞机引擎排出的废气在空气中冷却浓缩成水蒸气形成的可见尾迹。如果空气温度足够低的话，飞机云也可能由微小的冰晶构成。

## ⛵ 飞机云的形成

飞机碳氢燃料燃烧后的主要产物是二氧化碳和水蒸气。在海拔较高处的低温环境下，局部水蒸气的增加可以使空气中的水蒸气含量超过饱和点。这些水蒸气之后会凝结成微小的水滴或小沉积成为冰晶。成千上万的小水滴或冰晶便形成了飞机云。

## ⛵ 飞机云与气压的关系

飞机在运动时，机翼会引起它附近的

气压下降，从而导致温度下降。气压和温度下降的综合效应会导致空气中的水凝结并形成后缘涡流。这种效应在潮湿的天气较为常见。后缘涡流常见于起飞和着陆期间客机的襟翼后方，航天飞机着陆期间，以及在执行高强度演习的军用喷气机上部翼的表面。

# 橙红色的天空和云彩——霞

霞是日出和日落前后，阳光通过厚厚的大气层，被大量的空气分子散射的结果。当空中的尘埃、水汽等杂质愈多时，其色彩愈显著。如果有云层，云块也会被染上橙红艳丽的颜色。霞分为朝霞和晚霞两种，是一种奇妙的自然现象。

## 霞的彩衣如何织就

在一天中早晚的天边，时常会出现五彩缤纷的彩霞。朝霞和晚霞的形成都是由于空气对光线的散射作用。当太阳光射入大气层后，遇到大气分子和微粒，就会发生散射。这些分子和微粒本身是不会发光的，但由于它们散射了太阳光，使每一个大气分子都形成了一个散射光源。

根据瑞利散射定律，太阳光谱中波长较短的紫、蓝、青等颜色的光最容易散射出来，而波长较长的红、橙、黄等颜色的光透射能力很强。因此，我们看到

拓展阅读

### 火烧云

火烧云是一种彩霞，它属于低云类，是大气变化的现象之一。它常出现在夏季，特别是在雷雨之后的日落前后，出现在天空的西部。由于地面蒸发旺盛，大气中上升气流的作用较大，使火烧云的形状千变万化。火烧云的色彩一般是红彤彤的。火烧云的出现，预示着天气暖热、雨量丰沛、生物生长繁茂的时期即将到来。

晴朗的天空总是呈蔚蓝色，而地平线上空的光线则只剩波长较长的黄、橙、红光。这些光线经空气分子和水汽等杂质的散射后，那里的天空就带上了绚丽的色彩。

## ⛵ 早霞不出门，晚霞行千里

俗话说，"早霞不出门，晚霞行千里。"

早上太阳从东方升起，如果大气中水汽过多，则阳光中一些波长较短的青光、蓝光、紫光被大气散射掉，只有红光、橙光、黄光穿透大气，天空染上红橙色，便成朝霞。日出前后出现朝霞，说明大气中的水汽已经很多，而且云层已经从西方开始侵入本地区，是天气要转雨的征兆，所以"朝霞不出门"。

到了晚上，在日出和日落前后的天边，有时会出现五彩缤纷的霞，以大红色、金黄色为主色调，表示在我们西边的上游地区天气已经转晴或云层已经裂开，阳光才能透过来造成晚霞，预示笼罩在本地上空的雨云即将东移，天气就要转晴，所以"晚霞行千里"。

# 小时润物　强时毁物

地球上的水受到太阳光的照射后，会被蒸发变成水蒸气，水蒸气在高空遇到冷空气便凝聚成小水滴，这便产生了从天空中飘落下来的雨。雨的成因多种多样，它的表现形态也各具特色，比较常见的有暴雨、对流雨、锋面雨、地形雨等。

## 毁物不倦——暴雨

暴雨是一种降水强度很大的雨。按照气象规定，24 小时降水量为 50 毫米或以上的强降雨可称为"暴雨"。当然由于各地降水和地形特点不同，所以各地暴雨洪涝的标准也有所不同。特大暴雨是一种灾害性天气，而这种天气往往会造成

洪涝灾害和严重的水土流失，从而导致工程失事、堤防溃决和农作物被淹等重大的经济损失。特别是对于一些地势低洼、地形闭塞的地区，雨水不能迅速宣泄造成农田积水和土壤水分过度饱和，会导致更多的地质灾害。

## 暴雨也有等级

根据降雨的强度，暴雨可分为一般暴雨、大暴雨、特大暴雨。

12 小时内降雨量不到 70 毫米，或 24 小时内降雨量不到 100 毫米的暴雨称"一般暴雨"；12 小时内降雨量大于 70 毫米、小于 140 毫米，或 24 小时内降雨量大于 100 毫米、小于 200 毫米的暴雨称"大暴雨"；12 小时内的降雨量在 140 毫米以上，或 24 小时内降雨量在 200 毫米以上的暴雨称"特大暴雨"。

## 暴雨的形成

暴雨的形成过程相对来说比较复杂。

首先，大气中要有充沛的水汽，特别是对流层下部的饱和层要足够厚。

其次，要有强烈的上升气流，使水汽能成云致雨。

第三，要有持续时间较长的强降水，即成云致雨的天气系统移动比较缓慢或重复出现。

第四，要有有利的地形抬升，导致雨带集中到某地，促成局部暴雨。

**拓展阅读**

### 暴雨的应急防护措施

预防居民住房发生小内涝，可因地制宜，在家门口放置挡水板、堆置沙袋或堆砌土坎，在危旧房屋或低洼地势居住的人员及时转移到安全地方。

除此之外，要尽量关闭煤气阀和电源总开关。当室外积水漫入室内时，应立即切断室内电源，防止积水带电伤人。如果在户外，则应该立即停止田间农事活动和户外活动，在积水中行走时要注意观察，贴近建筑物行走，防止跌入窨井、地坑等。

从天气系统来说，暴雨往往是多种天气系统相互影响、相互制约的产物，气旋、锋面、低槽、低涡、切变线、台风等系统的活动都能促成暴雨。暴雨的危害甚大，常造成猝不及防的洪涝灾害。

## 暴雨的影响

众所周知，暴雨常常来势汹汹。持续性暴雨和集中的特大暴雨，不仅影响工农业生产，而且可能危害人们的生命，造成严重的经济损失。暴雨的危害主要有两种：第一种是渍涝危害。由于暴雨急而大，排水不畅易引起积水成涝，土壤孔隙被水充满，造成陆生植物根系缺氧，使根系生理活动受到抑制，产生有毒物质，使农作物受害而减产。第二种是洪涝灾害。特大暴雨引起的山洪暴发、河流泛滥，不仅危害农作物、果树、林业和渔业，而且还冲毁农舍和工农业设施，甚至造成人畜伤亡，经济损失严重。

### 拓展阅读

对流雨与热带雨林

由于对流雨发生在低纬度地区的几率比较大，而低纬度地区又多热带雨林，所以，对流雨和热带雨林便有了千丝万缕的关系。高大茂盛的植被产生离不开丰富的降水量。而赤道地区正是由于对流雨的存在，几乎每天都有丰富的降水提供。不仅如此，在对流雨形成之前，阳光明媚，正是植被大力进行光合作用的最好时机。

# 小范围的强降水——对流雨

对流雨是世界上三大降水形式之一，它是一种由大气对流运动引起的降水现象。对流雨时常出现于热带或温带的夏季午后，以热带赤道地区最为常见。由于近地面层空气受热或高层空气强烈降温，促使低层空气上升，水汽冷却凝结，就会形成对流雨。

## 大风伴雨来

对流雨来临前常有大风，大风可拔起直

径 50 厘米的大树，并伴有闪电和雷声，有时还下冰雹。它的来势虽然急骤，但多在地表流失，对土壤侵蚀严重；好在历时不会太久，雨区也不会太广，如适时而降，农作物有很大帮助。对流雨虽然降雨时间短，但大雨滂沱，往往因排水不及而成淹水现象。

## ⛵ 对流雨的出现有规律

一般来说，低纬度地区出现对流雨的概率比较大，低纬度地区的降水时间一般在午后，特别是在赤道地区，降水时间非常准确。早晨天空晴朗，随着太阳升起，天空积云逐渐形成并很快发展，越积越厚，到了午后，积雨云汹涌澎湃，天气闷热难熬，大风掠过，雷电交加，暴雨倾盆而下，降水延续到黄昏时停止，雨过天晴，天气稍觉凉爽，但是第二天，又重复有雷阵雨出现。在中高纬度地区，对流雨主要出现在夏季，冬季极为少见。

# 大范围的连绵雨——锋面雨

锋面雨又叫气旋雨，在锋面上，暖、湿、较轻的空气被抬升到冷、干、较重的空气上面。在抬升的过程中，空气中的水汽冷却凝结，形成的降水叫锋面雨。

## ⛵ 雨层云带来的锋面雨

锋面雨的形成有其特殊的过程，因为锋面雨主要发生在雨层云中，在锋面云系中雨层云最厚，又是一种冷暖空气交接而成的混合云，其上部为冰晶，下部

为水滴，中部冰水共存，所以能很快引起冲并作用。因为云的厚度大，云滴在冲并过程中经过的路程长，有利于云滴增大，雨层云的底部离地面近，雨滴在下降过程中不易被蒸发，很有利于形成降水。

### ⚓ 范围大、时间长的锋面雨

锋面雨有个显著的特点便是降水范围大，它常常形成沿锋而产生大范围的呈带状分布的降水区域，这些区域被称为降水带。随着锋面平均位置的季节移动，降水带的位置也移动。锋面雨持续时间长，因为层状云上升速度小，含水量和降水强度都比较小，有些纯粹的水云很少发生降水，即使有降水发生也是毛毛雨。

### ⚓ 锋面雨对河流的影响

我国是受锋面雨影响比较典型的国家。首先，锋面雨对河流有影响，它直接影响河流沿岸植被的多少。其次，降雨期间，也会对河流清浊度产生短期的影响。影响程度与降雨时间和降雨强度有关。总体来说，锋面雨是一种长时间，高降水量，强度较小的降雨。由于这些特点，锋面雨对地表的冲刷力相比对流雨要小很多，而对地表的渗透程度要大很多。

## 诗意的雨——巴山夜雨

巴山夜雨中的"巴山"是指大巴山脉，夜雨是指晚八时以后到第二天早晨八时以前下的雨,"巴山夜雨"其实是泛指多夜雨的我国西南山地(包括四川盆地地区)。

## 自古巴山多夜雨

我国四川盆地地区的夜雨量一般都占全年降水量的 60% 以上。例如,重庆、峨眉山分别占 61% 和 67%,贵州高原上的遵义、贵阳分别占 58% 和 67%。我国其他地方也有多夜雨的,但夜雨次数、夜雨量及影响范围都不及大巴山和四川盆地。

## 巴山为何多夜雨

从气候条件来说,首先,西南山地潮湿多云。夜间,密云蔽空,云层和地面之间进行着多次的吸收、辐射、再吸收、再辐射的热量交换过程,因此云层对地面有保暖作用。夜间,在云层的上部,由于云体本身的辐射散热作用,使云层上部温度偏低。这样,在云层的上部和下部之间便形成了温差,大气层结构趋向不稳定,偏暖湿的空气上升形成降雨。其次,西南山地多准静止锋,云贵高原对南下的冷空气有明显的阻碍作用,因而我国西南山地在冬季常常受到准静止锋的影响。在准静止锋滞留期间,锋面降水出现在夜间和清晨的次数占相当大的比重,相应地增加了西南山地的夜雨率。

## 巴山夜雨为何喜欢光顾四川盆地

生活在四川盆地的人们,对于巴山夜雨并不陌生,因为四川盆地是巴山夜

拓展阅读

## "诗"意的巴山夜雨

古诗词中也有提到巴山夜雨这个词,主要是指客居异地又逢夜雨缠绵的孤寂情景。具体出处是唐代李商隐的《夜雨寄北》:君问归期未有期,巴山夜雨涨秋池。何当共剪西窗烛,却话巴山夜雨时。诗人通过这首诗很好地表现了巴山夜雨的这种气候。

雨最喜欢降临的地方,这是为什么呢?

原来这是由于四川盆地特殊的地形造成的,我们知道四川盆地的盆底地势低矮,海拔 300 ~ 700 米,盆地周围被海拔在 1000 ~ 4000 米之间的山脉环绕,这样的地形极易形成空气潮湿、天空多云的状况。这就为巴山夜雨创造了条件,所以四川盆地经常会出现巴山夜雨。

# 惊天动地的巨响——雷电

雷电是一种伴有闪电和雷鸣,令人生畏的放电现象。雷电一般产生于对流发展旺盛的积雨云中,因此常伴有强烈的阵风和暴雨,有时还伴有冰雹和龙卷风。

知识链接

闪电分为枝状闪电、带状闪电、叉状闪电等。曲折开叉的普通闪电称为枝状闪电。枝状闪电的通道如被风吹向两边,以致看来有几条平行的闪电,则称为带状闪电。闪电的两枝如果看来同时到达地面,则称为叉状闪电。

## 雷电的形成

产生雷电现象时,积雨云顶部一般较高,可达 20 千米,云的上部常有冰晶。冰晶的淞附、水滴的破碎以及空气对流等过程,使云中产生电荷。云中电荷一般上部以正电荷为主,下部以负电荷为主,云的上下

之间形成电位差。当电位差达到一定程度后，就会放电，这就是我们常见的闪电现象。放电时，由于闪电通道中温度骤增，使空气体积急剧膨胀，从而产生冲击波，导致强烈的雷鸣。

## 雷电的种类

我们通常所说的雷电一般分直击雷、电磁脉冲、球形雷、云闪。其中直击雷和球形雷都会对人和建筑物等造成危害；电磁脉冲主要影响电子设备，是受感应作用所致；云闪由于是在两块云之间或一块云的两边发生的，所以对人类的危害最小。

# 工业污染的产物——酸雨

酸雨的正式名称是酸性沉降，它可分为"湿沉降""干沉降"两大类，前者指的是所有气状污染物或粒状污染物，随着雨、雪、雾或雹等降水形态而落到地面；后者则是指在不下雨的日子，从空中降下来的落尘所带的酸性物质。

## ⛵ 酸雨的形成

当烟囱排放出的二氧化硫酸性气体，或汽车排放出来的氮氧化物烟气上升到空中与水蒸气相遇时，就会形成硫酸和硝酸小滴，使雨水酸化，这时落到地面的雨水就成了酸雨。煤和石油的燃烧是造成酸雨的罪魁祸首。

## ⛵ 酸雨危害大

酸雨对环境的污染相当严重，这些污染大体可分为煤炭型和石油型两类。煤炭型是燃煤引起，因此污染强度以对流最强的夏季和白天为最轻，而以逆温最强、对流最弱的冬季和夜间为最重。石油型是石油和石油化学产品及汽车尾气所产生的，由于氮氧化物和碳氢化物等生成光化学烟雾时需要较高气温和强烈阳光，以夏季午后发生频率最高，冬季和夜间很少或不发生。

# 冬天打雷雷打雪——雷打冬

形成雷雨云要具备一定的条件，即空气中要有充足的水汽，要有使湿空气上升的动力，空气要能产生剧烈的对流运动。春夏季节，由于受南方暖湿气流影响，空气潮湿，同时太阳辐射强烈，近地面空气不断受热而上升，上层的冷空气下沉，易形成强烈对流，所以多雷雨甚至降冰雹。而冬季由于受大陆冷气团控制，空气寒冷而干燥，加之太阳辐射弱，空气不易形成剧烈对流，因而很少发生雷阵雨。但有时冬季天气偏暖，暖湿空气势力较强，当北方偶有较强冷空气南下时，暖湿空气被迫抬升，对流加剧，也可形成雷阵雨；如果暖湿气流特别强，对

流特别旺盛，还可形成降雹，从而出现所谓"雷打冬"的现象。

## 🔻 雷打冬的影响

　　冬季打雷是比较罕见的现象，说明空气湿度大，容易形成雨雪，故有"冬天打雷雷打雪"之说。如果冰雪多，气温低，家畜最易遭受冻害和诱发疾病，重者造成死亡。"雷打冬"只能说明当时天气为冰雪的形成提供了有利条件，而与后段时间是否出现低温冰雪天气并没有必然的联系。但家畜是否遭受冻害除与冰雪严寒期的持续时间有关，主要取决于人们采取的防寒、防冻措施。

# 梅子黄时雨——梅雨

　　梅雨，是指中国江淮流域一带、台湾、日本中南部、韩国南部等地，每年 6 月中下旬至 7 月上半月之间持续天阴有雨的自然气候现象。梅雨时节正值江南梅子黄熟之时，故亦称"梅雨""黄梅雨"。梅雨季节里，空气湿度大、气温高，衣物等容易发霉，所以也有人把梅雨称为同音的"霉雨"。梅雨季节开始的一天称为"入梅"，结束的一天称为"出梅"。

## ⛵ 梅雨时节雨纷纷

　　梅雨产生于西太平洋副热带高压边缘的锋区，是极地气团和副热带气团相互作用的产物。梅雨雨带的位置和稳定性，与副热带高压的位置和强度密切相关，还与西风带有无利于冷空气南下到长江流域的环流形势有关。

　　这个雨期较长、雨量比较集中的明显雨季，由大体上呈东西向的主要雨带南北位移造成，是东亚大气环流在春夏之交季节转变，也是梅雨期间的特有现

象。6月中旬以后，雨带维持在江淮流域，就是梅雨，梅雨季节过后，华中、华南、台湾等地的天气开始由太平洋副热带高压主导，正式进入炎热的夏季。

## 恼人的梅雨

梅雨季节的特点就是"湿邪"和"热邪"重，人们容易遭到"湿邪"的侵袭，梅雨天温度多变且湿度大、气压低，人的机体调节功能可能出现问题。梅雨时节容易对脾胃产生影响，因为梅雨季节最适宜霉菌的生长繁殖，霉菌毒素可以引起人体急性中毒、慢性中毒和致畸、致癌，以及使体内遗传物质发生突变等。黄梅季节温度高、湿气重，但昼夜温度仍存在一定差距，日温差也大，晴雨交替变化又快，极易诱发风湿类疾病。所以要使工作、生活环境的湿度不要过高。更重要的是要保持心情愉快，饮食上少吃辛辣刺激的食物，有充足的睡眠，增强免疫功能。

# 东边日出西边雨——太阳雨

万里晴空的好天气，有时也会下雨，太阳和降雨同时出现，出着太阳下着雨，这种雨就被称为"太阳雨"。

## 一边太阳一边雨

夏天经常出现的"太阳雨"是高云天气引起的，太阳在云层的下端，又有冷

**拓展阅读**

### 太阳雪

太阳雪指的是一种自然天气现象，大晴天的时候出着太阳下着雪，所以被称为"太阳雪"，太阳雪和太阳雨一样，是冷暖气团局部交汇的结果。太阳雪是由透光性高层云引起的，在冷空气的影响下形成降雪，同时高层云不足以遮住太阳，于是出现一边下雪一边出太阳的天气现象，这种现象一般时间短、量不大。

空气影响，所以出现了晴天下雨的自然现象。其实下太阳雨时，还是有云的，只不过云没有遮住太阳，或者是因为远方的乌云产生雨，被强风吹到另一地落下。

太阳雨多见于热带和亚热带地区，因为此时天空中也有太阳，所以温度是比较高的，加上降雨量不大，所以持续时间很短。它的这一特性给人们带来了不一样的感受，所以也就有了"太阳雨"这个气象名词。

## ⛵ 让人欢喜让人忧的太阳雨

太阳雨来去匆匆，人们常常难以把握，所以它的到来真是让人欢喜让人忧。欢喜是因为，太阳雨一般出现在热带和亚热带地区的夏季，这个时候天气比较炎热，如果突如其来一场太阳雨，不仅可以增加空气的湿度，更使人们感觉到凉爽，特别是对于夏天在户外作业的人们来说，真是酷暑送清凉。让人们忧的是，太阳当空，天气晴朗，太阳雨悄无声息地降临，人们在毫无防备的情况下会被淋得全身湿透，而在户外工作的人们，来不及收工，会使一些怕湿、怕潮的东西损坏。

# 纵然隐身亦定冷暖

风，看不见，摸不着，却能被感觉到。人们一般怎么来定义风呢？风是指空气相对于地面的水平运动，水平气压梯度力是导致风形成的直接原因。由于风还受到大气环流、地形、水域等不同因素的综合影响，表现形式多种多样，如季风、地方性的海陆风、山谷风、焚风等，本章将带你了解不同的风。

## 强劲的风——狂风和暴风

在气象术语中，狂风是指速度为每小时 88 ~ 102 千米的风，即 10 级风，对"暴风"的定义是速度在 103 ~ 117 千米，即 11 级风。当然，在实际生活中，对人们的正常生活造成了较为严重的影响便可称其为狂风或暴风。

### 狂风和暴风的成因

之所以会形成狂风和暴风，一方面是强对流，空气受热不均，形成压力差而形成动力。另一方面是山峰较多，地势狭窄等，空气通过时受到阻挡速度加快，也容易形成大风。一般来说，我国的狂风多发区多集中在青藏和新疆的山

拓展阅读

### 风力歌

零级烟柱直冲天，一级烟柱随风偏，二级清风吹脸面，三级叶动红旗展，四级枝摇飞纸片，五级带叶小树摇，六级举伞步行难，七级迎风走不便，八级风吹树枝断，九级屋顶飞瓦片，十级拔树又倒屋，十一、十二陆上很少见。

口，而从世界角度来说，南极的风有时可达到 360 千米 / 小时，这已经远远大于 12 级风了。

## ⛵ 风级的分类

风速的大小常用几级风来表示。风的级别是根据风对地面物体的影响程度来确定的。在气象上，目前一般按风力大小划分为 13 个等级。

## 涡旋风暴——旋风和热带气旋

旋风是打转转的空气涡旋，是由地面挟带灰尘向空中飞舞的涡旋，这种涡旋就是我们平常看到的旋风，它是空气在流动中造成的一种自然现象。

热带气旋是自然灾害的一种，一般发生在热带或副热带洋面上的低压涡旋，是一种强大而深厚的热带天气系统。热带气旋是大气循环中的一个组成部分，能够将热能及地球自转的角动量由赤道地区带往较高纬度地区，也可为长时间干旱的沿海地区带来丰沛的雨水。

## 旋风是怎么形成的

旋风形成的最主要原因与空气膨胀有关，比如一个地方温度高，空气便会膨胀起来，一部分空气被挤得上升，到高空后温度又逐渐降低，开始向四周流动，最后下沉到地面附近。这时，受热地区的空气减少了，气压也降低了，四周的温度较低，空气密度较大，加上受热的这部分空气从空中落下来，所以空气增多，气压显著加大。这样，空气就要从四周气压高的地方，向中心气压低的地方流来。受到地球自西向东旋转的影响，四周也会吹来较冷的空气，这样就围绕着受热的低气压区旋转起来，成为一个和钟表时针转动方向相反的空气涡旋，这就形成了旋风。

### 热带气旋的特点

热带气旋的最大特点是它的能量来自水蒸气冷却凝固时放出的潜热。其他天气系统如温带气旋主要是靠冷北水平面上的空气温差造成的。

热带气旋登陆后，或者当热带气旋移到温度较低的洋面时，便会因为失去温暖而潮湿的空气供应能量，而减弱消散或转化为温带气旋。热带气旋的气流受地转偏向力的影响而围绕着中心旋转。在北半球，热带气旋沿逆时针方向旋转，在南半球则沿顺时针旋转。

### 气旋的结构

一个成熟的热带气旋有地面低压、暖心、中心密集云层区、台风眼、风眼墙、螺旋雨带、外散环流等部分。其中地面低压是指热带气旋的中心接近地面或海面的部分是一个低压区。

# 最具破坏力的烈风——热带风暴

热带风暴是热带气旋的一种，形成于热带或亚热带地区海面，它是由水蒸气冷却凝固时放出潜热发展而出的暖心结构。其中心附近持续风力为每小时63 ~ 87千米，即烈风程度的风力是所有自然灾害中最具破坏力的。每年飓风都从海洋横扫至内陆地区，强劲的风力和暴风雨过后留下的只是一片狼藉。它也是台风的一种，是指中心最大风力达8 ~ 9级（17.2 ~ 24.4米/秒）的台风。

### 热带风暴形成条件

首先，要有足够广阔的热带洋面，这个洋面温度要高于26.5℃，并且在60米深的一层海水里，水温也要超过这个数值。

其次，预先要有一个弱的热带涡旋存在。我们知道，任何一部机器的运转，都要消耗能量，这就要有能量来源，热带风暴也是如此。

再次，要有足够大的地球自转偏向力。因为赤道的地转偏向力为零，而向两极逐渐增大，故台风发生地点大约离赤道 5 个纬度以上。由于地球的自转，便产生了一个使空气流向改变的力，称为"地球自转偏向力"。在旋转的地球上，地球自转的作用使周围空气很难直接流进低气压，而是沿着低气压的中心作逆时针方向旋转。

最后，弱低压上方高低空之间的风向和风速差别要小。在这种情况下，上下空气柱一致行动，高层空气中热量容易积聚，从而增暖。气旋一旦生成，在摩擦层以上的环境气流将沿等压线流动，高层增暖作用也就能进一步完成。在这样的基础上，台风进一步增强，便会形成热带风暴。

### ⛵ 热带风暴 2.0 版——强热带风暴

强热带风暴比热带风暴更加猛烈一些。当热带气旋底层中心附近最大风力为 10 ～ 11 级（24.5 ～ 32.6 米 / 秒）时，就形成强热带风暴。强热带风暴继续加强，就会形成台风。

## 产地不同称谓不同——台风和飓风

台风又名飓风，是热带气旋的一个类别。在气象学上，按世界气象组织的定义，热带气旋中心持续风速达到 12 级（即每秒 32.7 米或以上）称为飓风（台风）。飓风的名称一般在北大西洋及东太平洋范围内使用，而台风的名称则在北太平洋西部广泛使用。

## ⚓ 台风（飓风）的特点

经过反复观察和总结，台风（飓风）一般具有如下六个特点：

一是有季节性。它一般发生在夏秋之间，最早发生在 5 月初，最迟发生在 11 月。

二是台风中心登陆地点很难准确预报。台风的风向时有变化，常出人预料，台风中心登陆地点往往与预报相左。

三是台风具有旋转性。它登陆时的风向一般是先北后南。

四是损毁性严重。台风对不坚固的建筑物、架空的各种线路、树木、海上船只、海上网箱养鱼、海边农作物的破坏性很大。

五是强台风发生时常伴有大暴雨、大海潮、大海啸。

六是强台风发生时，人力不可抗拒，易造成人员伤亡。

## ⚓ 台风（飓风）的级别

超强台风：底层中心附近最大平均风速大于 51.0 米 / 秒，即 16 级或以上。

强台风：底层中心附近最大平均风速 41.5～50.9 米 / 秒，即 14～15 级。

台风：底层中心附近最大平均风速 32.7～41.4 米 / 秒，即 12～13 级。

强热带风暴：底层中心附近最大平均风速 24.5～32.6 米 / 秒，即风力 10～11 级。

热带风暴：底层中心附近最大平均风速 17.2～24.4 米 / 秒，即风力 8～9 级。

热带低压：底层中心附近最大平均风速 10.8～17.1 米 / 秒，即风力为 6～7 级。

## ⚓ 台风（飓风）的正能量

台风在危害人类的同时，也在保护着人类。台风给人类送来了淡水资源，大大缓解了全球水荒。一次直径不算太大的台风，登陆时可带来 30 亿吨降水。另外，台风还使世界各地冷热保持相对均衡。赤道地区气候炎热，若不是台风驱散这些热量，热带会更热，寒带会更冷，温带也会从地球上消失。

## 台风的命名

在古代，人们把台风叫飓风，到了明末清初才开始使用"飚风"（1956 年，飚风简化为台风）这一名称，飓风的意义就转为寒潮大风或非台风性大风的统称。关于台风，国际上统一的命名方法是由台风周边国家和地区共同事先制定一个命名表，然后按顺序年复一年地循环使用。由于某些台风会造成巨大损害或者命名国提起更换等原因，也有一些台风名已经被弃用。

# 局地突发的空气涡旋——龙卷风

龙卷风是在天气不稳定的情况下产生的一种强烈的、小范围的由两股空气强烈相向、相互摩擦形成的空气旋涡。

## 龙卷风的类型

第一种是多旋涡龙卷风。它是指带有两股以上围绕同一个中心旋转的旋涡龙卷风。多旋涡结构经常出现在剧烈的龙卷风上，并且这些小旋涡在主龙卷风经过的地区往往会造成更大的破坏。

第二种是水龙卷。它可以简单地定义为水上的龙卷风，通常意思是在水上的非超级单体龙卷风。世界各地的海洋和湖泊等都可能出现水龙卷。

第三种是陆龙卷。这是一个术语，用以描述一种和中尺度气旋没有关联的龙卷风。

第四种是火龙卷。它是非常罕见的龙卷风形态，是陆龙卷与火焰的结合。

## 龙卷风的特点

龙卷风是大气中最强烈的涡旋现象，影响范围虽小，但破坏力极大。它往往使成片庄稼、成万株果木瞬间被毁，令交通中断，房屋倒塌，人畜伤亡。龙卷风的水平范围很小，直径从几米到几百米，平均为 250 米左右，最大为 1千米左右。在空中直径可有几千米，最大为 10 千米。龙卷风极大，风速可达150 ~ 450 千米 / 小时，持续时间一般仅几分钟，最长不过几十分钟，但造成的灾害却很严重。

## ⚓ 龙卷风是怎么形成的

我们知道龙卷风是一种涡旋，是云层中雷暴的产物，会给人们的生产和生活带来很大的灾难，它到底是怎么形成的呢？其实龙卷风的形成经过了四个阶段。

首先，大气的不稳定性产生强烈的上升气流，由于急流中的最大过境气流的影响，它被进一步加强。

其次，由于与在垂直方向上速度和方向均有切变的风相互作用，上升气流在对流层的中部开始旋转，形成中尺度气旋。

再次，随着中尺度气旋向地面发展和向上伸展，它本身变细并增强。同时，一个小面积的增强辐合，即初生的龙卷在气旋内部形成，产生气旋的同样过程，形成龙卷核心。

最后，龙卷核心中的旋转与气旋中的不同，它的强度足以使龙卷一直伸展到地面。当发展的涡旋到达地面高度时，地面气压急剧下降，地面风速急剧上升，形成龙卷风。

# 海陆两栖的局地环流——海陆风

海陆风是一种因海洋和陆地昼夜热力差异、受热不均匀而在海岸附近形成的一种有日变化的风系。在基本气流微弱时，白天风从海上吹向陆地，称为海

暖空气

凉爽的海风

海风

风；夜晚风从陆地吹向海洋，称为陆风，两者合称为海陆风。

## 海陆风的发生

海陆风一年四季都可出现，尤其在热带地区发展最强，出现次数比温带和寒带多。中纬度地区的海陆风，夏秋两季比冬春出现次数多。高纬度地区只在暖季出现海陆风。较大的岛屿如中国海南岛，也会出现海陆风。白天海风从四周吹向海岛，夜间陆风从海岛吹向周围海面。海陆风盛行的海岛和沿海陆地，白天多出现云、雨和雾，夜间以晴朗天气为主。

## 海风和陆风的区别

海陆风是沿海地区因海陆受热不均匀而形成的以一日为周期、风向相反的

暖空气

凉爽的陆风

陆风

局地性风系。因为陆地热容量小，白天地面受热增温比海洋快，气温也比附近海洋上的气温高，在水平气压梯度力的作用下，上层的空气从陆地流向海洋，然后下沉至低空，又由海面流向陆地，低层形成海风，从上午开始吹至傍晚，风力在

知识链接

海陆风大家都知道了，但是还有一种湖陆风，你知道吗？

湖陆风是在沿湖地区，由于大陆地面的夜间冷却和白天加热作用，在夜间风从大陆吹向湖区，昼间风从湖面吹向陆地而形成的一种地方性的天气气候现象。例如湖南省岳阳市位于洞庭湖东北侧，在一定的天气条件下，夜晚风从市区吹向湖面，而白天从湖面吹向市区。也有人称为"进湖风"和"出湖风"。湖陆风全年均可出现，但以温暖季节为盛。一般在 9 ~ 10 时由陆风转为湖风，17 ~ 18 时由湖风转为陆风。

下午时最强。夜间，海上气温高于陆地，出现与白天相反的热力环流，低层形成陆风。海陆的温差白天大于夜晚，故海风较陆风强。

一般说来，海陆风的水平范围可达几十千米，热带地区的海陆风最强，海风风速达 7 米 / 秒，陆风风速 1 ~ 2 米 / 秒。在气温日变化大、海陆温差也大的地区，海陆风发展最盛，故经常出现在热带和温带夏季晴朗而稳定的天气条件下。在较大湖泊的湖岸附近，也可产生与海陆风相似的"湖陆风"。

# 一种受季节控制的风——季风

季风是指由于大陆和海洋在一年之中增热和冷却程度不同，风向随季节有规律改变的风系。

## ⛵ 季风形成的原因

季风的形成主要是因为海陆间热力环流的季节变化。夏季大陆增热比海洋剧烈，气压随高度变化慢于海洋上空，所以到一定高度，就产生从大陆指向海洋的水平气压梯度，空气由大陆指向海洋，海洋上形成高压，大陆形成低压，空气从海洋指向大陆，形成了与高空方向相反的气流，构成了夏季的季风环流。在我国为东南季风和西南季风。夏季风特别温暖而湿润。

而到了冬季，大陆迅速冷却，海洋上温度比陆地要高些，因此大陆为高压，海洋上为低压，低层气流由大陆流向海洋，高层气流由海洋流向大陆，形成冬季的季风环流。在我国为西北季风和东北季风。冬季风寒冷而干燥。

## ⛵ 季风对我国的影响

季风对我国有非常显著的影响，在全球几个明显的季风气候区中，我国处于东亚季风区内，主要表现为：盛行风向随季节变化有很大差别，甚至相反。冬季盛行东北气流，华北—东北为西北气流。夏季盛行西南气流。中国东部、日本还盛行东南气流。冬季寒冷干燥，夏季炎热湿闷、多雨，尤其多暴雨。在热带地区更有旱季和雨季之分，我国的华南前汛期、江淮的梅雨及华北、东北的雨季，都属于夏季风降雨。

# 很讲"信用"的风——信风

　　信风存在于赤道两边的低层大气中，北半球吹东北风，南半球吹东南风。这种风的方向很少改变，它们年年如此，稳定出现，这种"信用"也是它在中文中被翻译成"信风"的原因。

## ⛵ 信风对降水的影响

　　往往受信风影响的地区，都会表现出降水不均匀的情况，这与所处的海陆位置和地形状况等因素有关。

　　第一，山区很容易受季风影响。在地球上，位于信风带的地区主要是亚欧大陆的西亚地区、非洲大陆南北部、南美洲大陆中东部、北美的墨西哥高原和澳大利亚中北部地区。

　　第二，很多信风少雨区的分布位置很关键。一是在非洲北部和西亚地区，受东北信风影响，这里的信风从内陆干旱区吹来，湿度小，降水相当少；二是非洲大陆南部和南美大陆东南部受东南信风影响，这里的信风均从海洋吹来，但受高原地形的阻挡，海洋上湿润气流很难到达，降水也稀少，此外北美的墨西哥高原也是如此；三是澳大利亚大陆的大分水岭西部，位于东南信风的背风坡，是雨影区，降水也特别少。

第三，除了信风少雨区的分布位置，信风多雨区的分布位置也很重要。信风并不是不能带来大量的降水，在一些高原边缘的沿海地带或沿岸山地的迎风坡，信风往往会带来大量的降水。例如巴西高原的东南沿海、马达加斯加岛东侧、澳大利亚的东北部沿海地区，东南信风受地形抬升而在山地迎风坡形成地形雨，降水丰富，再加上这些地区本来纬度较低，从而使这几个地区都形成了热带雨林气候。

## 信风是怎么形成的

信风的形成与地球三圈环流是密不可分的，在太阳的长期照射下，赤道受热最多，赤道近地面空气受热上升，在近地面形成赤道低气压带，在高空形成高气压，高空高气压向南北两方高空低气压方向移动，在南北纬30°附近遇冷下沉，在近地面形成副热带高气压带。

而与此同时，赤道低气压带与副热带高气压带之间产生气压差，气流从"副高"流向"赤低"。在地转偏向力影响下，北半球副热带高压中的空气向南运行时，空气运行偏向于气压梯度力的右方，形成东北风，即东北信风。南半球则相反，形成东南信风。

在对流层上层盛行与信风方向相反的风，即反信风。信风与反信风在赤道和南北纬20°~35°之间构成闭合的垂直环流圈，即哈德莱环流。由于副热带高压在海洋上表现特别明显，终年存在，在大陆上只有冬季存在。故在热带洋面上终年盛行稳定的信风，大陆上的信风稳定性较差，且只发生在冬半年。

两个半球的信风在赤道附近汇合，形成热带辐合带。信风是一个非常稳定的系统，但也有明显的年际变化。有人认为，东太平洋信风崩溃，可能对赤道海温激烈上升有影响，是厄尔尼诺形成的原因。其增强、减弱是有规律的，厄尔尼诺时信风大为减弱，致使赤道地区的纬向瓦克环流也减弱。反厄尔尼诺时信风增强，瓦克环流增强并向西扩展。

# 山区特有的局地风—— 山谷风

由山谷与其附近空气之间的热力差异引起，白天由山谷吹向山顶的风，称为"谷风"，夜间由山顶吹向山谷的风，称为"山风"。山风和谷风总称为山谷风。

## ⛰ 山谷风的形成

白天太阳出来后，阳光照在山坡上，空气受热后上升，沿着山坡爬向山顶，这就是谷风。夜间，太阳下山，山顶和山腰冷却得非常快，因此靠近山顶和山腰的一薄层空气冷得也特别快，而积聚在山谷里的空气还是暖暖的。这时，山顶和山腰的冷空气，一批批地流向谷底，这种从山顶和山腰流向山谷的空气，就形成了山风。

山谷风常发生在晴好而稳定的天气条件下，热带和副热带在旱季、温带在夏季时最易形成。

### ⬛ 山谷风的作用

正常的情况下，在晴朗的白天，谷风会把温暖的空气向山上输送，使山上气温升高，促使山前坡岗区的植物、农作物和果树早发芽，早开花，早结果，早成熟，冬季可减少寒意。谷风把谷地的水汽带到上方，使山上空气湿度增加，谷地的空气湿度减小，这种现象在中午几小时内特别显著。

在夏季谷风盛行的时候，如果空气中有足够的水汽，便常常会凝云致雨，这对山区树木和农作物的生长很有利；夜晚，山风把水汽从山上带入谷地，因而山上的空气湿度减小，谷地的空气湿度增加。在生长季节里，山风能降低温度，对植物体营养物质的积累，块根、块茎植物的生长膨大很有好处。

除此之外，山谷风还可以把清新的空气输送到城区和工厂区，把烟尘和飘浮在空气中的化学物质带走，有利于改善和保护环境。工厂的建设和布局要考虑有规律性的风向变化问题。山谷风风向变化有规律，风力也比较稳定，可以当作一种动力资源来研究和利用。

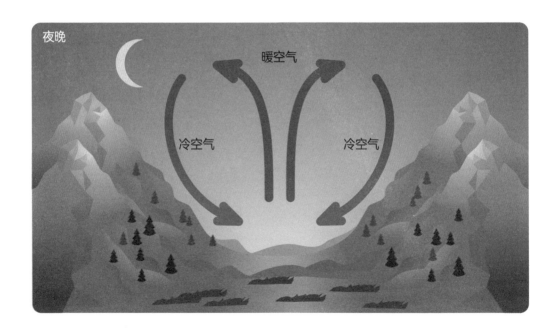

　　在山地，出现山谷风是很常见的现象。但是，在我国除了山地可以出现山谷风以外，高原和盆地的边缘也可以出现风向风速有明显日变化与山谷风类似的风。比如出现在青藏高原与四川盆地相邻边缘地区的山谷风，对这一带的天气有相当大的影响，白天在山坡上空凝云致雨，晚上在盆地附近形成降水。

# 背风坡面暖而干燥的风——焚风

　　焚风一般以阵风形式出现，是从山脉背面沿山坡向下吹的一种局部范围内的空气运动形式，即过山气流在背风坡下沉而变得干热的一种地方性风。之所以会出现这种现象是由于湿空气越过山脉，在山脉背风坡一侧下沉时增温，使气团变得又干又热，因而气团所经之地湿度明显下降，气温也会迅速升高。

## 焚风的形成

　　焚风因为与山有着密切的联系，因此是山区特有的天气现象。它是由于气流越过高山后下沉造成的。当一团空气从高空下沉到地面时，每下降 1000 米，温度平均升高 6.5℃。这就是说，当空气从海拔 4000 ~ 5000 米的高山下降至地面时，温度会升高 20℃以上，使凉爽的天气顿时热起来，这就是"焚风"产生的原因。

## 焚风的影响

　　焚风一般会出现在中纬度相对高度不低于 800 ~ 1000 米的山地，偶尔会有更低的山地也会产生焚风效应。比较轻的焚风可以促进春雪消融，农作物早熟等。

　　当然，焚风的害处也有很多。它常常使果木和农作物干枯，降低产量，使

森林和村镇的火灾蔓延并造成损失。19世纪，阿尔卑斯山北坡几场著名的大火灾都发生在焚风盛行时期。焚风在高山地区可大量融雪，造成上游河谷洪水泛滥；有时能引起雪崩。

如果地形适宜，强劲的焚风可造成局部风灾，刮走山间农舍屋顶，吹倒庄稼，拔起树木，伤害森林，甚至使湖泊水面上的船只发生事故。另外，因为这种现象出现时许多人会有不适症状，如疲倦、抑郁、头痛、脾气暴躁、心悸和浮肿等。医学气象学家认为，这是由焚风的干热特性以及大气电特性的变化对人体产生影响而引起的。

## 高温低湿型的风——干热风

干热风又名"热干风""干旱风""火南风""火风"等。它是一种农业气象灾害。这种风又干又热，经常出现在温暖季节，会导致小麦乳熟期受害秕粒，所以得名干热风。

　　刮干热风时，温度明显升高，湿度明显下降，并伴有一定风力，根系吸水不及时，往往导致小麦灌浆不足，秕粒严重甚至枯萎死亡。我国的华北、西北和黄淮地区春末夏初期间都出现过干热风。

## 干热风的成因

　　各地自然特点存在差异，干热风的成因也不尽相同。每年初夏，我国内陆地区气候炎热，雨水稀少，增温强烈，气压迅速降低，形成一个势力很强的大陆

　　干热风常出现在气候干燥的蒙古，以及我国河套以西与新疆、甘肃一带，这与这些地方存在热低压有关。热低压离开源地后，沿途经过干热的戈壁沙漠，会变得更加干热，干热风也变得更强盛。位于欧亚大陆中心的塔里木盆地，气候极端干旱，强烈冷锋越过天山、帕米尔高原后产生的"焚风"，往往引起本地区大范围的干热风发生。

热低压。在这个热低压周围，气压梯度随着气团温度的增加而加大，于是干热的气流就围着热低压旋转起来，形成一股又干又热的风，这就是干热风。强烈的干热风，对当地小麦、棉花、瓜果等会造成危害。

## 干热风的类型

　　第一种是西北气流型。在此种类型干热风的控制下，黄淮海地区受西北气流控制，上游又有暖平流输送，加上空气湿度小，天气晴朗，太阳辐射强，高空槽线过境后 24 ～ 36 小时即可出现干热风天气，持续 3 ～ 4 天。此类型干热风的几率占 42%。

　　第二种是高压脊型。在此类型干热风影响下，河套小高压是移动性的，干热风持续时间较短，一般只有 1 ～ 2 天，且强度弱。此类型干热风的几率占 30%。

# 黄沙漫天的风暴—— 沙尘暴

　　沙尘暴，顾名思义，是既有沙又有尘的风暴，所以沙尘暴便是沙暴和尘暴两者兼有的总称，是指强风把地面大量沙尘物质吹起并卷入空中，使空气特别混浊，水平能见度小于一百米的严重风沙天气现象。其中，沙暴是指大风把大量沙粒吹入近地层所形成的挟沙风暴，尘暴则是指大风把大量尘埃及其他细粒物质卷入高空所形成的风暴。

## ⚓ 沙尘天气的过程

沙尘天气过程一般情况下分为浮尘天气过程、扬沙天气过程、沙尘暴天气过程、强沙尘暴天气过程。

浮尘：尘土、细沙均匀地浮游在空中，使水平能见度小于 10 千米的天气现象。在同一次天气过程中，我国天气预报区域内 5 个或 5 个以上国家基本站在同一观测时次出现了浮尘天气。

扬沙：风将地面尘沙吹起，使空气相当混浊，水平能见度在 1000 米至 10 千

　　总体来看，沙尘暴天气多发生在内陆沙漠地区，最常发生沙尘暴的几个地区分别是非洲的撒哈拉沙漠、北美中西部和澳大利亚等地的沙漠地带。而亚洲的沙尘暴活动中心主要在约旦沙漠、巴格达与海湾北部沿岸之间的下美索不达米亚、阿巴斯附近的伊朗南部海滨、俾路支到阿富汗北部的平原地带。

米的天气现象。在同一次天气过程中，我国天气预报区域内5个或5个以上国家基本站在同一观测时次出现了扬沙天气。

　　沙尘暴：强风将地面大量尘沙吹起，使空气很混浊，水平能见度小于1000米的天气现象。在同一次天气过程中，我国天气预报区域内3个或3个以上国家基本站在同一观测时次出现了沙尘暴天气。

　　强沙尘暴：大风将地面尘沙吹起，使空气模糊不清，浑浊不堪，水平能见度小于500米的天气现象。在同一次天气过程中，我国天气预报区域内3个或3个以上国家基本站在同一观测时次出现了强沙尘暴天气。

## 沙尘暴的危害

　　首先，沙尘暴的强风，很容易携带细沙粉尘的强风摧毁建筑物及公用设施，造成人畜伤亡。

　　第二，以风沙流的方式造成农田、渠道、村舍、铁路、草场等被大量流沙掩埋，尤其是对交通运输造成严重威胁。

　　第三，土壤风蚀。每次沙尘暴的沙尘源和影响区都会受到不同程度的风蚀危害，风蚀深度可达1～10厘米。据估计，我国每年由沙尘暴产生的土壤细粒物质流失高达106～107吨，其中绝大部分粒径在10微米以下，对源区农田和草场的土地生产力造成了严重破坏。

　　第四，大气污染。在沙尘暴源地和影响区，大气中的可吸入颗粒物增加，导致大气污染加剧。

# 世界上风力最大的地区——南极

南极被人们称为第七大陆，是地球上最后一个被发现、唯一没有土著人居住的大陆。整个南极大陆被一个巨大的冰盖覆盖，平均海拔为 2350 米，南极洲蕴藏的矿物有 22023 种。

## ⛵ 世界上风力最强、最多风的地方

南极洲的气候特点是酷寒、风大和干燥。全洲年平均气温为 –25℃，内陆高原平均气温为 –56℃左右，极端最低气温曾达 –89.8℃，为世界最冷的陆地。全洲平均风速 17.8 米 / 秒，沿岸地面风速常达 45 米 / 秒，最大风速可达 75 米 / 秒以上，是世界上风力最强和最多风的地区。绝大部分地区降水量不足 250 毫米，仅大陆边缘地区可达 500 毫米左右。

知识链接

南极大陆可以说是全世界唯一没有狗的地区。"国际南极条约组织"出于保护南极环境考虑，让各国南极考察队员都依依不舍地送走犬只，与一向给他们带来欢乐和情感慰藉的爱犬们道别，送它们离开南极。

## 矿产资源的根据地

南极地区的矿产资源极为丰富。铁矿是南极最富有的矿产资源之一。从已查明的资源分布来看，煤、铁和石油的储量为世界第一，其他的矿产资源正在勘测过程中。随着科技的发展，南极地区可望发现更多的矿产资源，成为人类最后一块极具开发潜力的净土。南极地区，各国资源勘探结果还未完全公开，因此，还有待科学家们进一步努力。

## 南极——难达之极

南磁极即地磁的南极，1985 年南磁极的位置约为东经 139° 24′，南纬 65° 36′。南极洲每年分寒、暖两季，4 月至 10 月是寒季，11 月至次年 3 月是暖季。在极点附近寒季为极夜，这时在南极圈附近常出现光彩夺目的极光；暖季则相反，为极昼，太阳总是倾斜照射。"难达之极"是约以南纬 82° 和东经 55° ~ 60° 为中心的高地，由于地势高峻，气候极端，成为大陆冰川外流的一大分冰线，是难于接近或到达的地区。

## 白色大陆

南极大陆是指南极洲除周围岛屿以外的陆地，是世界上发现最晚的大陆，它孤独地位于地球的最南端。南极大陆 95% 以上的面积为厚度极高的冰雪所覆盖，有"白色大陆"之称。

# 雨之精灵　寒之使者

你知道雪是怎么形成的吗？雪，其实就是水或冰在空中凝结再落下的一种自然现象，降落到地面上的雪花的大小、形状以及积雪的疏密程度是不一样的，雪是大气固态降水中的一种最主要的形式，除此之外，还有霰和冰雹。这一章我们将来了解它们。

## 空中飞舞的精灵——雪花

雪花是一种六角形的晶体，像花，所以得名雪花，它的结构随温度的变化而变化，又名未央花和六出。它在飘落过程中成团地攀连在一起形成雪片。单个

雪花的大小通常在 0.05 ～ 4.6 毫米之间。雪花很轻，单个重量只有 0.2 ～ 0.5 克。

## ⚓ 雪花是怎么形成的

当凝结核在零摄氏度以下时，水点便开始凝结成冰晶。当冰晶形成后，围绕冰晶的水点会凝固并与冰晶黏在一起，细小的冰晶会吸引更多的水点而逐渐长成更大的冰晶，直至上百个冰晶连在一起，形状不同而且独一无二的雪花便会根据大气环境形成。

雪粒子由天上降至地面的速度快慢各异，一般雪花以每秒一米的速度下降。每当雪晶碰到过冷的水点时，它们会立刻凝固在一起，形成的软粒子便是雪小球，而整个过程被称为"蒙霜"。在温和的区域里，水分子的增加造就了冰晶的生长，从而形成了雪花。

## ⚓ 雪花六瓣为哪般

雪花的形状，涉及水在大气中的结晶过程。大气中的水分子在冷却到冰点以下时，就开始凝华，形成水的晶体，即冰晶。冰晶和其他一切晶体一样，其最基本的性质就是具有自己的规则的几何外形。冰晶属六方晶系，六方晶系具有四个结晶轴，其中三个辅轴在一个平面上，互相以六十度角相交；另一个主轴与这三个辅轴组成的平面垂直。六方晶系的最典型形状是六棱柱体。但是，当结晶过程中主轴方向晶体发育很慢，而辅轴方向发育较快时，晶体就呈现出六边形片状。

# 美丽的负担——暴雪

暴雪是指特别大的降雪过程，一般它会给人们的生活、出行带来极端的不便。降雪量是衡量降雪的级别的标准，它是气象观测者用一定标准的容器，将收

集到的雪融化后测量出的量度。如果 24 小时的降雪量（融化成水）大于等于 10 毫米便可称为暴雪。

## 暴雪预警

暴雪蓝色预警：12 小时内降雪量将达 4 毫米以上，或者已达 4 毫米以上且降雪持续，可能对交通或者农牧业有影响。

暴雪黄色预警：12 小时内降雪量将达 6 毫米以上，或者已达 6 毫米以上且降雪持续，可能对交通或者农牧业有影响。

暴雪橙色预警：6 小时内降雪量将达 10 毫米以上，或者已达 10 毫米以上且降雪持续，可能或者已经对交通或者农牧业有较大影响。

暴雪红色预警：6 小时内降雪量将达 15 毫米以上，或者已达 15 毫米以上且降雪持续，可能或者已经对交通或者农牧业有较大影响。

# 似雪非雪的固态降水——霰

### 冰雹

冰雹是一种固态降水物。它是圆球形或圆锥形的冰块，由透明层和不透明层相间组成。直径一般为 5 ~ 50 毫米，最大的可达 10 厘米以上。冰雹的直径越大，破坏力就越强。冰雹常砸坏庄稼，威胁人畜安全，是一种严重的自然灾害。

霰，也叫雪糁或软雹，是一种白色不透明的圆锥形或球形的颗粒固态降水，下降时常显阵性，着硬地常反弹，松脆易碎，多在下雪前或下雪时出现。

## ⛵ 霰的自述

霰的结构比一般的雪及微粒密实，是外覆的霜所造成的，结合体的重量及低黏性使得表层无法稳固在斜坡上，20 至 30 厘米的

表层仍会有大雪崩的风险。由于气温及霰的特性，霰于雪崩后约一至二天变得较紧密及稳固。

　　霰的直径一般在 0.3 到 2.5 毫米之间，性质松脆，很容易压碎。霰不属于雪的范畴，但它也是一种大气固态降水。常发生在 0℃，也可能存在 −40℃附近的温度，而且属于未结冻的状态，霰通常于下雪前或下雪时出现。

## ⚓ 霰是怎么形成的

　　在空气温度下降到一定程度时，雪晶可能接触到过冷云滴，这种小滴的直径约 10 微米，于 −40℃时仍呈液态，较正常的冰点低许多。雪晶与过冷云滴的接触导致过冷云滴在雪晶的表面凝结。晶体增长的过程就是凝积作用，雪晶的表面有许多极冷的小滴而成为霜，若此过程持续使原本雪晶晶形消失则称为霰。

## ⚓ 霰与冰雹的区别

　　霰和冰雹的主要区别是霰比较松散，而冰雹很硬；冰雹常出现在对流活动较强的夏秋季节，而霰常出现在降雪前或与雪同时降落。

# 雨雪的美丽邂逅——雨夹雪

　　雨夹雪是指雨滴与雪一起降落的一种天气现象。这种现象并不罕见，雪是水的结晶体，天空中的云遇到冷空气，温度下降，水汽在低温和微小尘埃的共同作用下便会形成冰晶。体积不断增大，当密度超过空气时就会掉下来，也就是下雪。

当然，晴朗的天空一般是不会下雪的。然而由于云层的不同，一层降下的是雪，另一层降下的则是雨，所以会形成雨夹雪。

## 为什么会出现雨夹雪

之所以会出现雨夹雪，是因为大气层高度不同，它的气温也会不同，当雨雪天气时，大气从地面到高空云层的温度是由高到低的，降水云层温度低于零度时水蒸气凝成结晶体，就会下雪，如果高于零度就下雨。但有时候大气温度已经低于零度而地面温度还是零度以上时，空中降下的是雪花，近地面时开始融化，小的雪花就化成雨滴，大的可能还没完全融化，还处于结晶状态，仍然是雪花，于是就出现了雨夹雪的天气。

## 夏天会有雨夹雪吗

炎夏季节，大气零度层一般离地面有三四千米的距离。而雪花、雹块、不稳定的过冷水等只可能出现在零度层，冰雹由于本身不容易融化，夏天也常能见到，而雪花从高空落下，不融化，实在罕见。

但是积雨云体积不大，云层的零度层也不是沿等高面分布的。其局部会凹向地面，这些云层里含有雪花和雹块。在炎热的夏天，冷暖气流对流剧烈，突起的大风将含有雪花、雹块的低空积雨云迅速拉向地面。由于局部气温过低，这时候在局部地域可能出现短时间的炎夏雪花飞舞的场景。

# 叫人迷失方向的"白毛风"——风吹雪

风吹雪是指由气流挟带起分散的雪粒在近地面运行的多相流，又称风雪流，简称吹雪。它是一种较为复杂的特殊流体，有较大的危害性。

## ⚓ 风吹雪的形成

风吹雪的形成主要是源于起动风速和雪的输送。前者是指使雪粒起动运行的临界风速，它的大小既和雪的密度、粒径、黏滞系数等有关，又与太阳辐射、气温、地面粗糙度等外界条件相关。一般情况下，气温从 $-23\,℃$ 升至 $-6\,℃$ 时，高出地面 1 米的雪的起动风速在 4 米 / 秒左右。

达到起动风速后，气流沿积雪表面呈现为水平与垂直方向的微小涡旋群把雪粒卷起，并以跳跃、滚动、蠕动和悬浮的形式在地面或近地气层中运行。气流对雪的

> **知识链接**
>
> 针对风吹雪灾害，主要有"导"（各种型式和规格的导雪设施）、"改"（提高路基、修缮边坡、开挖储雪场等）、"阻"（不同规格和结构的阻雪栅和防雪林等）、"除"（机械除雪与物理化学融雪）等一套有效的综合治理措施。

输送长度可从数十米到数百米，取决于风蚀雪面的状况。

### 风吹雪的类型

风吹雪既有季节性的，也有全年不停的风吹雪。风吹雪有不同的种类，依据雪粒的吹扬高度、吹雪的强度及对能见度的影响，可分成 3 类。

低吹雪，是指地面上的雪被气流吹起贴地运行，吹扬高度在 2 米以下。

高吹雪，是指较强气流将地面雪卷起，吹扬高度达 2 米以上，水平能见度小于 10 千米。

暴风雪，是指大量的雪随暴风飘行，风速达 17.2 米 / 秒以上，伴有强烈降温，水平能见度小于 1000 米（天空是否有降雪难以判定）。

## 积雪山区的灾难——雪崩

雪崩是指积雪顺沟槽或山坡向下滑动引起雪体崩塌的现象。当山坡积雪内部的内聚力抗拒不了它所受到的重力拉引时，便向下滑动，引起大量雪体崩塌，也有的地方把它叫做"雪塌方""雪流沙""推山雪"。同时，它还能引起山体滑坡、山崩和泥石流等可怕的自然现象。因此，雪崩被人们列为积雪山区的一种严重自然灾害，分为干雪崩和湿雪崩。

### 雪崩是怎么形成的

雪崩一般发生在经常有积雪的地方，而一旦积雪太厚，便很容易发生雪崩。积雪经阳光照射以后，表层雪融化，雪水渗入积雪和山坡之间，从而使积雪与地面的摩擦力减小；与此同时，积雪层在重力作用下，开始向下滑动。积雪大量滑动造成雪崩。此外，地震震裂雪面也会导致积雪下滑造成雪崩。

## 什么时候可能发生雪崩

雪崩之所以叫雪崩，其一大前提便是要有雪，所以大多数的雪崩都发生在冬天或者春天降雪非常大的时候，尤其是暴风雪爆发前后。这时的雪非常松软，黏合力比较小，一旦一小块被破坏了，剩下的部分就会像一盘散沙或是多米诺骨牌一样，产生连锁反应而飞速下滑。

春季，由于解冻期长，气温升高时，积雪表面融化，雪水就会一滴滴地渗透到雪层深处，让原本结实的雪变得松散起来，大大降低了积雪之间的内聚力和抗断强度，使雪层之间很容易产生滑动。

## 分门别类的雪崩

雪崩也有类别，根据雪崩的特征，人们一般把雪崩分成 4 种类别，即块状

干雪崩一般会夹带大量空气，因此它会像流体一样。这种雪崩速度极快，它们从高山上飞腾而下，转眼吞没一切，甚至会在冲下山坡后再冲上对面的高坡。一般而言，大雪刚停，山上的雪还没来得及融化，或在融化的水又渗入下层雪中再形成冻结之前，这时的雪是"干"的，也是"粉"的，所以又被称为"干雪崩"。

雪崩、松软的雪片崩落、坚固的雪片崩落、空降雪崩。

当山坡雪下滑时，有时像一堆尚未凝固的水泥般缓缓流动，有时会被障碍物挡住去路，有时大量积雪急滑或崩泻，挟着强大气流冲下山坡，会形成较少见的块状雪崩。在斜坡背后会形成缝隙缺口。它给人的感觉是很硬实和安全，但最细微的碰撞或者干扰，也能使雪片发生崩落，这时形成的雪崩叫作松软的雪片崩落。

坚固的雪片崩落时的雪片有一种欺骗性的坚固表面，有时走在上面能产生隆隆的声音。它是由于大风和温度猛然下降造成的。爬山者和滑雪者的运动就像一个扳机，能使整个雪块或大量危险冰块崩落。

最后一种是空降雪崩，在严寒干燥的环境中，持续不断新下的雪落在已有的坚固的冰面上可能会引发雪片崩落，这些粉状雪片以每秒 90 米的速度下落，从而形成了空降雪崩。

# 夏日里的雪——六月飞雪

元代剧作家关汉卿有一部《窦娥冤》流传至今，剧中的窦娥被无赖诬陷，又被受贿官府判斩刑。在窦娥被斩之后，"血溅白练，六月飞雪，三年大旱"。其实，现实生活中"六月飞雪"是一种天气现象。

## 六月的雪花

一般来讲，六月里的天气暑热当头，是不可能下雪的，但是六月飞雪也不是不可能，六月飞雪是一种奇特的自然现象，如果气流将含有雪花的低空积雨云拉向地面，便会出现六月飞雪。

虽然地面上的人觉得六月的大地是烈日当空，酷热难耐，但是高空却是很冷的，云中的小水滴依旧以冰晶的形式存在，产生"六月雪"的直接原因，多半是夏季高空有较强的冷平流，这时候冷暖气流交锋剧烈，会产生强降雨；但如果气流突然将含有冰晶或雪花的低空积雨云拉向地面，便会在小范围内出现短时间飘落雪花的奇观。

也有的人认为"六月飞雪"的产生，与人类对大自然的破坏有一定的关系。因为"六月雪"与可导致气候异常的太阳活动、洋流变化、火山爆发等因素有关。

## 六月飞雪奇观

在现实中确实有"六月飞雪"的现象发生。

2020年6月，在较强冷空气的影响下，甘肃省天祝乌鞘岭出现了罕见的六月飞雪奇观。

2007年7月30日，我国西北部的银川、兰州等城市受到暖气流影响出现高温，而西南和东北部的城市则受到冷气流影响普遍降雨，这两种气流在北京上空汇合产生剧烈的对流，北京出现了六月飞雪的景观。

1987年农历闰六月二十四日，上海市区飘起了小雪花；同年6月5日，河北张家口地区降了一场大雪，最低气温降至零下7℃。

1981年6月1日，山西管涔山林区普降大雪，雪深达25厘米。其实早在1980年，莫斯科由于斯堪的纳维亚北部寒流的入侵，致使六月天飞舞着雪花。